素顏我最美

美肌秘訣大公開

余秋慧◎著

Contents

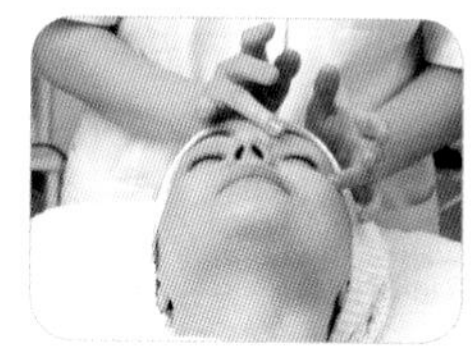
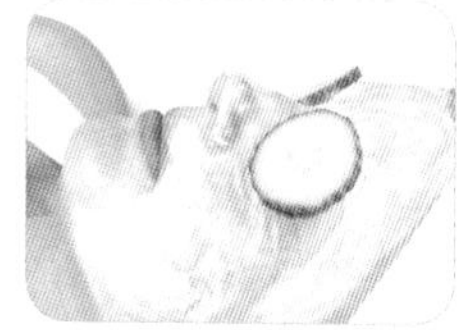

第二篇 美膚五部曲：「簡單容易」就是王道！

第三篇 惱人的肌膚問題怎麼辦？

第四篇 巧笑倩兮，美目盼兮——談唇部與眼部肌膚保養

第五篇 肌膚用品大解密

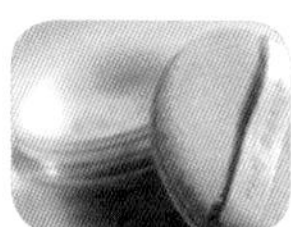

第六篇 吃出美麗與健康

推薦序一

現代的女性從廚房走入職場，除了打點好家庭和事業之外，比起過去，也花費了更多心思在打理自我成長與留住青春。從事生物科技研究多年，崇尚自然協調的生活，相信身體的健康和亮麗的容顏都可以經由正確的「保養」而獲得，只是如何才是正確之道，就需要多方面的收集資訊、比較分析，再加上身體力行才能產生結果。

本書作者秋慧是我研究所的學生，其努力學習的精神也同樣顯示在書籍的編寫上，不同於一般講求速效或是毫無根據的保養方式，本書細述皮膚的構造與保養原理、以及飲食營養對於美容的影響，淺顯易懂的文句和簡單易行的保養程序，讓忙碌的現代女性有了安全可依循的保養指南。

恭喜秋慧有了新作品，我衷心向所有的女性推薦此書。

大葉大學校長 何偉真

美國佛羅里達大學植物系博士，
國立台灣大學園藝系碩士、學士，國立交通大學EMBA，
現任大葉大學教授兼校長。

推薦序二

自離開演藝圈、卸下明星的身分之後，便積極投入美容事業的經營，迄今也邁入第十八個年頭了！過程中以「愛與信任」為主軸，開展了事業的廣度，並以「創業家＋企業家」的氣度自勉，成功的輔導了數百名的美容師習得一技之長，並開創屬於個人的事業與財富。

無論是美容事業的經營者、美容師乃至於一般消費者，擁有正確的皮膚認知與保養方式，才能創造出持久、健康、亮麗的容貌，激烈、侵入性的治療方式只能一時，長期、溫和、放鬆、舒適，才能創造身心靈均衡的「美」，這也是我們在經營美容事業時所堅持的理念。

本書從皮膚學談起，說明皮膚與各項外在變數的交互影響，例如紫外線的傷害、SPF值的意義，並針對各種膚質提出了保養的重點；而「美膚五部曲」中也細述了保養的正確步驟，讓面對瓶瓶罐罐卻不知如何用起的消費者有了依循的方向；對於常見的皮膚問題、保養品的選購法，也有深入淺出的解說；最後還特別提醒讀者飲食健康和美容的交互關係，十分具有參考的價值！

資訊管道的多元，反而讓人無所適從，余老師長期深耕美容業，致力於「簡單易行」美容保養方式的推廣，用淺顯易懂的文字，整理出一般人均可理解、可實行的保養手冊，我們樂於向廣大的讀者們推薦「素顏我最美——美肌秘訣大公開」一書！

呂耀華／顏鳳嬌

呂耀華現任名流休閒事業集團董事長，顏鳳嬌現任黛宝拉美容集團董事長

推薦序三

皮膚是人體五官中的最大器官，佔有最大的面積，因為直接看得到、摸得到，所以皮膚的「面子」問題漸漸成為現代人注意的焦點。各式各樣醫學美容的儀器、療程和產品因此應運而生，而皮膚科醫學也已從單純的治療各類皮膚疾病，再把皮膚美容納入研究，變成為一門很專門精緻的技術與學問。

從醫近二十年來，曾面對過各式各樣的皮膚美容問題，甚至見過不少「美容」不當而造成皮膚受損的情形。因為每個人遇到的皮膚問題，均有年齡、性別、膚質、生活習慣等個別的差異性，所以應該依據皮膚科醫學的原理，去了解皮膚的問題、產品或是療程的根據，才能達到理想的美容效果。

但事實上，有很多消費者只要知道了某一項熱門的新療法，便一窩蜂趕流行去體驗，卻不知自己的皮膚是否適合？若沒有達到效果還只是花了冤枉錢而已，萬一弄巧成拙，讓皮膚變得更糟糕，甚至於留下永遠無法回復的後遺症，那就得不償失了！

用模稜兩可的方式、一知半解的態度來保養皮膚，其實有很大的風險性。當然，每個人都想讓皮膚變得又美又好，以專業、正統皮膚科醫師的角度來看，「美容」最好是建立在醫學理論基礎之上，而不是盲目、一窩蜂的趕流行；「醫學美容」會勝過傳統的一般美容，最主要就是建立在「醫學」精神的內涵與「科學」的數據與實證之上。因此有一些似是而非，甚至危言聳聽的觀念要導正，而消費者也要認清楚：目前每一項熱門的醫學美容新儀器、新配方，都有待時間去驗證，傳統的方

法不見得比較差，而且新一代改良機型，也可能在短短一年甚至半年內，被更新一代的機型取而代之。

醫學美容的發達造就了許多美麗神話！難能可貴的是本書回歸皮膚保養的基本面，余老師以她多年從事美容相關行業的心得，以一般人可以了解的簡單皮膚學談起，循序漸進的指出保養的步驟，並提出飲食、運動等體內保養的觀點，讓讀者能從更理性的角度了解皮膚，並了解如何正確的自我保養、自我照護。有了這一層的了解，無論是自行保養或是選擇醫學美容的療程，都有相當的助益。

台大風尚皮膚科診所院長 陳俊成

台灣大學醫學院醫學系畢業，曾任台灣大學附設醫院皮膚部臨床教師、嘉義基督教醫院資深皮膚科主任及美容中心創始醫師、窄波紫外線治療機引進國內創始醫師、台大醫院皮膚部兼任主治醫師、成大醫院皮膚部兼任主治醫師，現任台大風尚皮膚科診所院長

自序

醜女大翻身

無意中看到《醜女大翻身》這部韓片，片中敘述的是很簡單的小故事，就是一個胖嘟嘟的女人，經過臉部和身體的整型手術之後，變成了一個完美女人。

依世俗之見定義的「美女」，是這麼的受人歡迎和喜愛，依世俗之見定義的「醜女」，是這麼的不起眼和渺小，渺小到連想讓心愛的白馬王子正視一眼，都那麼困難；回頭看看曾經傾注全力在事業的自己，為了家庭「毅然決然」從somebody——美女，變成了nobody——醜女！曾經的滄海，卻是要「重歸為水」，多麼的讓人為難啊！

美容，曾經是日以繼夜、夜以繼日燃燒著我的事業，而一切都在家庭與事業的兩難之間歸零。除了因為做起事來連「每一顆細胞都投入」的態度，讓人無法兼顧魚與熊掌外，另一方面也是到了該蛻變重生的時刻了。人生不該是浪費在拖著沈重步伐，做著「應該做」、但並非從心所願的事。

拆除事業城堡的過程，比建立它時還要痛苦！因為握在手中的每一塊碎片，都能看出當時努力的痕跡，但還是咬著牙，繼續拆除。到現在，這個事業城堡已經夷為平地了。

經歷過暗夜的摸索，浮沈在自我放逐的邊界。終於有天頓悟：痛苦的根源，就是過度追求「自我實現」！如果沒有「自我」，那要「實現」什麼呢？原來困住我的不是別人，而是那個意欲實現的自我。

知道那人生苦迫的圓心點後，決定再度冒險，把筆、心、靈魂完全打開！如今因緣成熟，重新開始「專心」寫作，不禁戲稱自己最初創業的階段是「用手做美容」，後來發展教育、加盟事業的階段是「用嘴做美容」，而現在是「用筆做美容」！

感謝金塊文化余總編輯，讓我能有把美容轉變為文字的空間；感謝大葉大學校長何偉真博士的鼓勵，何校長集「產官學研」於一身，是新時代智慧女性的代表，也是我相當敬佩的女強人；感謝台大風尚診所陳俊成院長的推薦，陳院長是一位專業細心的皮膚科權威，對於醫學理念的堅持與踏實的生活態度讓人尊崇；感謝呂耀華、顏鳳嬌董事長的具名推薦，原本是家喻戶曉「星星知我心」電視劇的明星，在淡出演藝圈之後，一直很低調的經營事業，成為相當成功的企業家，如今因為本書而讓他們願意再次「曝光」，真是我的莫大榮幸。此外，最要感謝先生在生活上的諸多協助，以及兩個實在很想黏著媽媽的小孩——BB和QQ的包容，讓我得以專心寫作。最重要的是，這本以美容保養為主的書，希望對所有關注美麗與健康的人，都能有所貢獻。您的支持和鼓勵，將會是秋慧繼續創作的動力。

余秋慧

美，一直是報章雜誌永不褪流行的話題，但專業的美容知識不是太繁雜，就是令人摸不著頭腦，在臉上東塗塗、西抹抹，真的就會有效果產生嗎？這些美容法有何可靠的根據？是以醫學、健康、美學為基礎？還只是以訛傳訛？A和B說的保養法完全相反，到底誰才是對的？

在初踏入美容世界時，我亦曾經產生過跟一般人相同的疑問，直到正式成為當中的一員、融入其中，並對其有通盤的了解之後，便經常思考：如何幫助一般人了解美容？如何以一種規律、又可遵循的方式，指導消費者進行自我肌膚保養？如何把專業的語言，轉換成一般人樂於接受的知識？

多方思索之下，本書誕生了！不論是初次接觸美容的「生手」，或已是保養歷史悠久的「個中老手」，都可藉由書中的各項提示，重新檢視自己的皮膚、美容觀念與保養方式。

美容資訊雖已相當普及，但不懂「到底美容是怎麼一回事」、「應如何著手進行」的人仍不在少數，由於缺乏正確的基礎認知，在面對各種美容資訊時，反而無從判斷、更加疑惑；而且在不同的環境、透過不同的人傳達，我們接受的美容資訊會產生認知上的差異，因而許多眾所皆知的美容法，其實似是而非！

因此，台灣才會被歐美等國的品牌戲稱為「免費、又可創造高獲

益的化妝品人體實驗室」。但換個角度來想，這也可以算是學習前的摸索，隨著商品的多元化、資訊的透明化，消費者已經愈來愈睿智、愈來愈明白保養的目的，而保養品神話的認清與破除也有大幅度的進步。

本書將成為你專屬的美容顧問，一些常見的護膚問題也可以找到合理的解答，是你在進入護膚保養這個天地時不可或缺的導遊。熟悉它，將使你日後的保養更加得心應手！

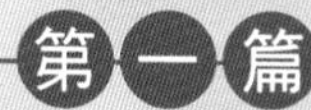

你健康嗎？看皮膚就知道

- 身體的變化，皮膚最知道
- 皮膚的超級任務
- 了解自己的膚質是晉升美女的必要功課
- 肌膚與陽光談戀愛，既期待又怕受傷害

一、身體的變化，皮膚最知道

皮膚，是人體最大的器官！

我們通常認為「器官」應在「人體內部」才對，如心臟、肺、胃等。但事實上，人體最大的器官——皮膚，卻是暴露於外，可觸摸、可觀察的。正因如此，我們才需要適度保護它，除了美觀之外，它還透露著與身體健康有關的訊息。

在現代醫學尚未發展之前，並沒有類似現代文明的聽診器、斷層掃瞄等醫療儀器，更沒有辦法檢查出細微的身體疾病，因此研究出「望聞問切」四診法來協助了解疾病，進而發展經絡穴道學說，並找出經穴和體內的疾患的關係。連接穴道群之間的經絡，是病變進入器官的途徑，因此中醫便利用觀察肌膚的光澤度、彈性、氣色、發汗、血流、體溫等變化來協助判斷病情、對症下藥。

身體的變化、生活環境、飲食作息、化妝品的使用等，都是影響

皮膚與身體健康的要素，皮膚能忠實的反映出身體的情況，故中醫云：皮膚是身體的鏡子。

薄薄的一層，大有學問

皮膚直接和外界接觸，除了陽光、空氣、灰塵、溫度、濕度等外界的影響外，還不斷受到各種物理和化學的刺激，而我們奉為「青春不老藥」的保養品，也是刺激物的其中之一。因為凡是不屬於皮膚原有的、從外而來，強制加在皮膚上的，都是皮膚的「刺激物」，皮膚是會抵抗的。否則肌膚對於外來物全盤接受，那還得了？如果接觸到皮膚的是有毒的東西，皮膚照樣接受，我們早就不知道要「死」多少次啦！

皮膚是一種多層次的組織，從外而內，主要分為表皮、真皮和皮下脂肪組織。皮膚的最表面部分稱之為「表皮」，位於其下、具有汗腺和皮脂腺的稱為「真皮」，最下層在真皮和骨骼之間的稱為「皮下組織」，蓄積著能影響曲線，並且能保溫、緩衝外來撞擊的皮下脂肪。

皮膚還有些附屬器官，如毛

髮、指甲、汗腺、皮脂腺、微血管、淋巴管、神經末梢等，而和美容保養有重大關係，影響我們最大的是「表皮」。

表皮，感受外來刺激，形成自然屏障

表皮細胞由基底層開始形成，由裡而外依順序為基底層（生長層）、有棘層（棘狀層）、粒狀層（顆粒層）、透明層（只有手掌和腳底才有透明層，在手指甲旁俗稱「死肉」的即是）、角質層所組成，僅有0.2~0.3公分的厚度，沒有血管的存在，故無論是藥物或化妝品，滲透進入表皮並不會產生全身性的作用，而毛囊、皮脂腺、汗腺雖然是生長在真皮層和皮下組織，但開口均在表皮。

表皮最外層之「角質層」是皮膚的主要屏障，能防止突破皮脂保

皮膚的組織和構造

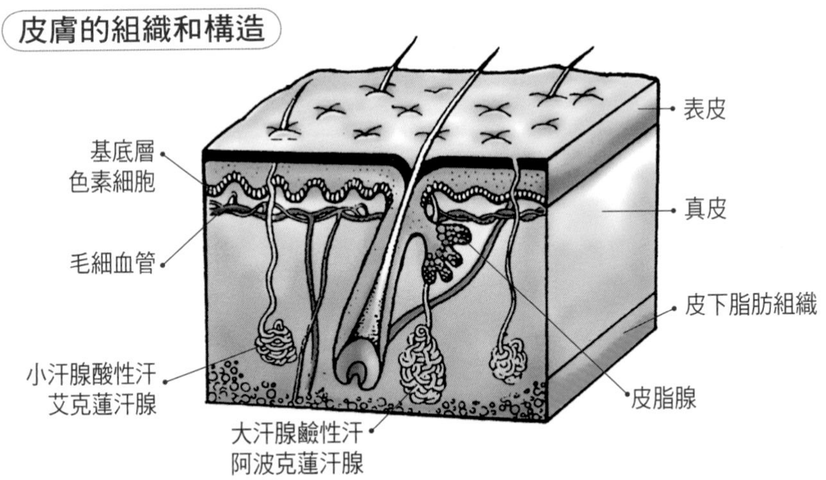

護層的細菌、化學物質等的入侵。表皮之上覆蓋著一層脂肪膜（皮脂膜），因含有多量的脂肪而能防止水份的逸散，且PH值在4.5~6.5之間，呈弱酸性，故不利於細菌的繁殖，且皮脂膜對外來的酸鹼能有緩衝作用，保護皮膚不受外來的刺激。

角質層的含水量，是影響皮膚潤澤度和彈性的要素

皮膚的角質層是一層扁平狀的死細胞，故也是一層易吸水的組織。在充分吸收水分後的角質層細胞會膨脹、圓潤，皮膚就會呈現出光滑有彈性的表面，是影響皮膚潤澤度和彈性的要素。冬季的空氣乾燥，細胞含水量減少，皮膚表層容易失水，皮膚就變得乾燥且失去光澤。而皮膚在夏季經過陽光中紫外線的強烈曝曬後，角質層也會變厚，皮膚的觸感也會變得不柔軟且失去光澤。

皮下血管和神經與身體所有器官連接，專司皮脂的分泌和水分的調節，對身體各部位的變化和感覺很靈敏，因此在身體的任何部位發生異常時，皮膚的狀態也會隨之發生變化。

二、皮膚的超級任務

除了美麗，更要健康

你對每天穿在身上的這件「人皮大衣」了解有多少呢？「臉皮」除了展現外表的美麗，其實還有以下的「任務」：

1.保護作用：真皮及皮下組織可以緩衝來自外部的打擊，同時可以保護皮膚不受細菌和強烈陽光紫外線等的侵害，表皮自然形成的皮脂膜，可抵抗物理化學的傷害及酸鹼的刺激，並維持皮膚的水份。

2.呼吸作用：皮膚的呼吸約占人體的1％，如果用塑膠膜將皮膚重重捆綁，也會產生令人窒息的感覺。此外，從皮膚表面會散發水蒸氣，故有散熱的作用；同時，表皮的皮膚能向真皮輸送氧氣，以促進真皮及深層皮膚的功能與正常的代謝。

3.調節體溫：人體的熱量約有80％是經由體表的皮膚發散出來，要維持身體健康、平衡與正常的運作，就必須把多餘的熱量散發到體外，皮膚就藉由血液循環、發汗來調節體溫。體溫高時，皮膚則鬆弛，容易將熱散發出來，此時皮膚呈現粉紅色；寒冷時，皮膚為了保持體溫，於是毛孔與血管收縮，皮膚蒼白，藉以減少熱量的散發。

4.感覺作用：皮膚佈滿了神經纖維，可產生溫覺、壓覺、觸覺、

冷熱覺、痛覺等感覺。感覺的舒適度與否，會影響我們的心情，所以適當的按摩會讓我們感到放鬆與舒適，這也就是現在舒壓療法如此受歡迎的主因。

5.分泌作用：皮脂腺分泌皮脂、汗腺分泌汗液，兩者在表皮的混合物加上角質層中數種成份所混合而成的弱酸性、油脂狀的薄膜稱為「皮脂膜」，可保護皮膚、對抗外來的酸鹼、灰塵、紫外線的刺激。皮脂的分泌會影響皮膚的功能，皮脂的分泌若再加上體內荷爾蒙的作用與飲食的影響，皮膚還會有粉刺和粒狀突起的問題。皮脂膜雖具有保護的作用，但同時也是問題的來源。皮脂若分泌過多時，皮膚呈油性，須較一般人注意清潔的工作；分泌過少，皮膚外在容易乾燥、粗糙、龜裂、呈乾性，須注意滋養與保濕的工作。

6.排泄作用：汗水是身體排除多餘水份與調節體溫的方式。隨著汗水，一些人體的廢物也會隨之被排除。

7.吸收作用：部份物質可透過毛孔、汗腺、皮脂腺，由角質層進入皮膚，被整個皮膚充份吸收利用。但皮膚對脂肪及其他物質的吸收有不同的比率問題，故也牽涉到化妝品對皮膚的功效。

8.表情作用：由於皮膚與許多複雜的肌肉、神經、骨骼有著密切的關係，故可表達出喜怒哀樂的感情。

上述這八種作用，使得我們能顯示情緒、美醜、膚質優劣，並得以「保全面子」。對皮膚有正確的定義，讓我們不致單方面的以為保養全是外在的修飾。時代已經改變，除了以美麗來衡量外，「健康」更是皮膚首重的要求！

刺激愈多，肌膚愈快粗糙、老化

如果你仔細觀察就會發現：皮膚的表面縱橫分布著細小的網狀溝。如果這些網狀溝窄而淺，則皮膚細膩；如果網狀溝寬而深，則皮膚粗糙。

初生嬰兒的皮膚，幾乎沒有受到外界的刺激，因而網狀溝很小，皮膚顯得非常細嫩；隨著年齡的增長，刺激增多，網狀溝會變寬，皮膚逐漸變得粗糙。

皮脂膜，就像是皮膚的隱形衣服

健康的皮脂膜能使皮膚表面柔軟、防止皮膚外傷、防止水份過度蒸發、保護皮膚不受細菌或化學物質、酸鹼等外來刺激的傷害，就像是皮膚的隱形衣服。

你注意過打蠟和沒打蠟的蘋果、打蠟和沒打蠟的汽車的差異嗎？是的，就像這樣！人體體表若少了皮脂膜，便會喪失保護功能，從外觀看起來將呈現出乾燥、黯淡無光澤。而冬季乾冷，皮膚經常一抓就有白色的屑屑掉下來，那就是缺水缺油的角質，如果你立即補充、油水平衡後，表皮馬上光澤亮麗起來，也不會再有脫屑的情況。由於皮膚不得不和空氣接觸，空氣內漂浮的塵埃中含有易吸附油質的物質，如果長時間化妝，皮膚表面的皮脂膜就會因為吸收塵埃，而變得粗糙、乾燥。美女們要保持面子，每天回家後就須立刻將皮膚上的污垢徹底除去，以維持皮脂膜的正常作用。乳液的作用就是暫時代替和污垢一起卸除、還來不及完全分泌均勻的皮脂膜，具有保護皮膚以免受外界刺激的作用。

三、了解自己的膚質是晉升美女的必要功課

有許多人對自己的肌膚有錯誤的看法，最常見就是皮膚略顯乾燥，就認定自己是乾性肌膚；長了不明原因的疹子或搔癢，就認定自己是過敏性肌膚。然而，大部份的人卻都認為「我自己的皮膚我自己最知道」，並誤以為自己的判斷是「對的」，而施以錯誤的保養。

肌膚的認知錯誤、保養知識有限，化妝品的選用必定出錯、保養的重點也偏離了正確軌道。因為「錯誤認知」而造成皮膚的困擾，實在很冤枉。明明花了大把的銀子、大量的時間在關注皮膚，皮膚卻一點也不爭氣。

了解自己的膚質，是晉升美女必要的功課。以下就為你敘述各種膚質特徵，幫助你「紙上鑑定」一番。

乾性：不想做「乾」妹妹，保濕及按摩要做好

乾性肌膚，仔細一點說，是指皮膚皮脂分泌量很少，角質層保濕力不足、不使用油性及高保濕產品，即容易會有「皺紋爬滿臉」的肌膚形態。嚴格說來，台灣女性少有純粹的乾性皮膚，多只是局部的乾燥現

象，因此在保養技巧上必須留意，不能只是拚命補充表皮的油度，保濕及按摩做得周全，可以使乾燥不那麼明顯，皺紋也較不易出現。

常見乾性皮膚的人塗抹過多的面霜，試圖改善乾燥、皺紋現象。然而油性的面霜、乳液只能防止水份蒸發，想要使皮膚「水噹噹」，還是得補充足量的水份。因此，化妝水和面霜合宜比例的搭配，才是乾性皮膚的呵護之道。

如若更細分，乾性肌膚尚有缺水的乾性肌膚、缺油的乾性肌膚兩種。缺水的乾性皮膚通常膚色白皙，毛孔不明顯、角質層較厚、偏向敏感膚質，容易因情緒、壓力、環境而引起皮膚過早老化的現象；缺油的乾性皮膚則大多由於體質、營養、健康、護膚方式、季節所導致的皮脂分泌減少，飲食上應多補充蛋白質、脂質，在季節替換時，也須變動保養品及保養法。

乾性皮膚由於皮脂分泌較少，長痘痘的機率也較低，但也不表示不會長

痘痘，平日的作息、保養與飲食，都是影響肌膚的重要關鍵。乾性肌膚保養應注意事項為：

1.注重保濕與滋潤的保養品。

2.多補充含維他命A、E的食物，以改善肌膚乾燥的狀況。

3.避免風吹日曬雨淋等容易剝奪皮脂膜、造成皮膚不適的外在因素。

油性：做好清潔與基礎保養，熟齡皮膚依然ㄉㄨㄞㄉㄨㄞ

與乾性膚質相反，油性膚質的皮脂分泌較旺盛，毛孔較粗大、容易阻塞，在夏季尤其明顯，並容易引發粉刺、青春痘等皮膚問題，皮脂膜的PH值不平均、膚質也不穩定。在選用保養品時要注意成份，必須

選用清爽、含脂量低，並具有收斂、清涼、鎮定功用，才能控制皮膚產生的發紅、發熱等不穩定狀態。

雖然飽受粉刺、面皰之苦，但是由於油份分泌充足，較不易皺紋橫生；在冬季也不會乾燥得臉皮全皺了起來。其實只要老實做好清潔工作與基礎保養，油性皮膚到了年紀大的時候，膚質還是可能維持得不錯的！

中性：天生麗質，但也要細心照顧才能維持最佳狀態

中性肌膚指皮膚含水量、含脂量都很均衡的一種皮膚狀態。膚質緻密、健康、光滑細膩、具彈性，汗腺及皮脂腺分泌通暢。由於飲食、環境的影響，中性皮膚的人為數不多，在地處亞熱帶的台灣，氣候是造成許多皮膚困擾的主因，若幸運的「天生麗質」，身為中性肌膚的一員，也要細心照顧皮膚，把它維持在最佳狀態。

雖然皮膚自身的功能很健康，一旦外部的條件改變時（如因出國氣候遽變、使用保養品不當），還是有可能會讓膚質有所轉變。尤其是清潔工作輕忽不得，才不會使原本通暢的毛孔阻塞，引發面皰；季節變化時，保養品也要隨之調整。不過總括而言，中性皮膚仍是所有膚質中最好、最容易照顧的。

敏感性：找出過敏原，別把臉蛋當化妝品實驗室

許多美女們常會認定自己是敏感性肌膚，用什麼保養品都不合

適，而且只要用的保養品在肌膚稍有一點點反應，就更堅信不疑。其實，敏感性肌膚的人並沒有我們想像中的多，與其說是敏感性膚質，不如說是敏感個性！

敏感性肌膚，並不是對每一種產品及成份都會產生過敏反應，而是指肌膚對某種特定物質產生排拒或過敏的反應。除了皮膚的問題外，體質、對食物的反應也會造成皮膚上的發疹或斑點，如海鮮（蝦子、螃蟹）、竹筍等，亦是容易引發過敏的食物。若真為易過敏膚質，則需要使用不含香料、防腐劑、敏感肌膚專用的保養品，若是由體質因素引起的突發性過敏，則須就醫診療。

大多數人都有個錯覺，以為敏感肌膚專用的保養品最溫和、不刺激，對皮膚最好，縱使非敏感膚質也使用敏感膚質專用的保養品。事實上，敏感肌膚專用的保養品，除了不含香料、防腐劑、化學成份外，對皮膚有益的成份含量更少，普通的肌膚使用並不能達到「保養」的要求。

有些植物例如銀杏、蘆薈、海藻、天然果酸、濃度較高的精油

等，容易深層滲透而引起皮膚的反應，便不大可能含於敏感肌膚專用的保養品中。如果你偏愛專為敏感性肌膚調配的保養品，不妨留意一些適合自己膚質，低敏感度、以天然芳香精油取代化學香精、不含色素的保養品。但適量的防腐劑可維持保養品的新鮮度，可不必過於排拒。

如果是真正的敏感性皮膚，在保養方式上要注意：不要過度去角質，因皮膚太薄就無法承受外來的刺激；微血管在表皮顯而易見，可透過加強按摩及選用有強化微血管功用的保養品（含維他命P，或如：七葉樹、長春藤、金縷梅、木賊、果酸、芳香精油等成份）；飲食方面要注意均衡營養的攝取、多做運動；因為更換環境或保養品才引起的敏感反應，只要將過敏原找出治療，就可得到很好的改善。

基本上，敏感性肌膚用對了保養品與進行正確的保養方式，皮膚狀況仍可維持得不錯。真的為過敏反應深感困擾的話，還是得找皮膚科醫師診治，千萬別道聽塗說，把臉蛋當成化妝品的實驗室哦！

混合性：分區保養，T字區重清爽、眼周及頸部要滋潤

絕大多數的東方女性都屬於此類膚質，即T字區（額頭、鼻子、下顎及臉頰）油膩，眼睛四周及頸部較乾燥，如果使用清爽性保養品，則眼睛四周感覺過於乾燥，如果全臉使用滋潤性保養品，則又感覺過於油膩。

一般人不注意「分區保養」的觀念，經常會造成對皮膚的困惑：為什麼擦了A太油，塗了B又太乾？仔細觀察你現在的肌膚，如果T字區

泛出油光，而頸部和眼部沒有油油亮亮的現象，且有明顯的小細紋，大概即屬於此類型的膚質。

混合性肌膚容易同時擁有油性皮膚的面皰、與乾性皮膚皺紋的雙重困擾，因此清潔、清爽及滋潤、保濕要並重。如果T字區出油的狀況很嚴重，就可以只拍上化妝水，再塗抹一層水性的凝露即可；而眼睛四周、頸部則另外補充較滋潤的乳液，或眼頸專用保養品。

其實分區保養並不代表須準備二份以上的保養品，只是須注意「用量」的問題。稍微更改保養的方式，即可使皮膚得到全面均衡的呵護。

除了以上簡單區分的五種肌膚類型外，也可能有：油性缺水皮膚、乾性缺水皮膚、乾性缺油皮膚、油性敏感肌膚、乾性敏感肌膚等狀況存在，且所有的皮膚也都可能伴隨著其他的症狀，如黑斑、粉刺、痘痘、紅疹等。當然，對膚質的認知是很重要的基礎，但認知後的保養更是影響皮膚好壞的關鍵。不管是何種膚質，都要以合理、科學的方式加以保養，才能一圓青春永駐的美夢！

用吸油面紙來個簡易膚質測試

由於我們不易只用肉眼就鑑定出皮膚的膚質，因此才需儀器的協助。如果你能在進行DIY保養前，先由專業美容師為你解析膚質，再選

用一套適合自己的保養品是最理想的肌膚保養程序。

而除了專業的水份油份測定外，自己也可以用「吸油面紙」做簡易油份的測定。方法是在做過臉部清潔後兩個鐘頭內，不要塗抹任何保養品，用手指夾住吸油面紙，按壓在額頭、兩頰、鼻頭、下顎等處，吸取臉部分泌的油脂，再持吸油面紙的「成果」對照下表：

吸油面紙的油脂分佈量	可能膚質
幾乎看不見	乾性
稀少，僅有數個小點，或為數不多的斑點	乾性～中性
大斑點較多，並伴有數個小點	中性～混合性
有十數個大斑點，在鼻上稍用力按壓，還有油脂狀的粉刺黏在其上	混合性～油性

美女悄悄話

保濕大不同：
角質層屬「表皮保濕」，真皮層為內在的「深層保濕」

死掉的細胞慢慢和皮脂膜在表皮形成障蔽，保護皮膚避免外物侵入，並防止皮膚水份的逸散；在真皮層中有黏多醣體、NMF，可以使肌膚充滿水份並富有彈性。角質層屬於「表皮保濕」，要靠外來保養品補充；而真皮層的水份是來自體內均衡的水份，屬於內在的「深層保濕」，因此兩者所指的「保濕」是不相同的哦！

各種膚質分析表

膚質	角質層 保濕力/肌理	膚質優點	膚質缺點	保養重點
乾性肌膚	水份充足時，肌理細緻、保濕力較弱	不易長面皰	易長皺紋	保濕、滋潤
油性肌膚	保濕度尚可，肌理較粗	不易長皺紋	易長面皰、毛孔粗大、皮脂分泌旺盛、PH值不平均且不穩定	清爽、鎮定 消炎、清潔
中性肌膚	肌理及保濕度佳	皮脂腺、汗腺分泌通暢，健康、光滑細緻、含水量及油度適中	夏天趨向油性；冬天趨向乾性	保濕、清潔
敏感性肌膚	角質保濕度及肌理視敏感反應程度而定		不易適應保養方式及產品	鎮定、視肌膚敏感源而調整保養品
混合性肌膚	保濕度局部尚可，肌理T字區較粗，其餘尚佳		T字區易長痘痘，其餘易有皺紋，須分區保養	T字區要特別注意清潔、消炎，其餘要注意清爽性的保濕與滋潤工作

四、肌膚與陽光談戀愛，既期待又怕受傷害

黑色素是皮膚的自然防衛系統，但產生過多會形成色素沉澱及黑斑

黑色素是皮膚中最重要的色素，除了決定我們的膚色外，同時也是人體皮膚的自然防衛系統，可以抵禦紫外線對皮膚的傷害。但是當黑色素產生過多或分布不均勻時，卻會導致色素沉澱、形成黑斑，是愛美女性所不能接受的皮膚缺憾。

從古至今，美女們無不用盡全力「美白」，從早期用強力藥物、或是化學成份除去臉上的黑斑（像維生素A酸、

hydroquinone對苯二酚等成分，都有很強的美白效果），想要藉以改善肌膚晦暗、增加膚色白淨度。然而，使用這些種類的產品，會破壞皮膚表面的構造，若在色素剝離期間，外在的皮膚受到紫外線照射、內在的內分泌失調等因素刺激的情況下，皮膚自我保護的功能會更加倍的作用，使黑色素細胞釋放更多黑色素，從而引發出更嚴重的色素沉澱現象。這種美白不成反毀容的後果，美人們應該從報章雜誌上看過不少。

隨著現代化妝品科技的進步，美人們的知識進步，不再盲目的相信誇大不實的商品宣傳，開始選擇使用更天然溫和的美白護膚品，或是接受各種醫學美容療程，來達到肌膚白皙的心願。概括來說，時下較為科學的美白原理主要是以下幾種：

1.在黑色素尚未形成之前，先抑制酪氨酸的活性，減少黑色素的產生。

2.補充抗氧化劑，對抗自由基反應，降低酪氨酸的氧化作用。

3.加快皮膚新陳代謝的過程，促進老舊角質脫落，防止色素沉澱，淡化已形成的黑斑。

美白是一個新陳代謝漸進的過程，皮膚黑斑不可能在兩、三天之內即消失，就算進行醫美療程也有恢復期。而與事後再進行美白除斑療程的方法相較，在平日即進行抑制黑色素形成是更有效率的美白方法，且較不會對皮膚造成傷害。因為通過抑制酪氨酸的活性，可減少黑色素產生，從而防止新的色素沉澱，改善因日曬或內分泌失調而造成的肌膚黯沈，增加膚色明亮、白淨度及均勻度，並逐漸淡化黑斑。

沒有陽光就沒有紫外線？錯錯錯，紫外線無所不在

我們生存環境的破壞由來已久，特別是近二十多年來的變化更大。臭氧層的破壞、地球暖化、廢棄物大量增加、資源枯竭、生物種類的消滅或變種、冰山崩解、病原菌、感染等問題，備受矚目。

而紫外線對皮膚的影響力卻不因季節而改變。有許多美女們認為：「沒有陽光直接照射就沒有紫外線、皮膚就不會曬黑」，有這種觀念是無法造就白皙美人的唷！沒有防護的臉部，在冬季容易使皮膚失去水份、造成粗糙、甚至於乾裂，這點由蒙古、新疆地區居民臉上的「櫻桃小丸子腮紅」就可以看出來。看似可愛的「天然腮紅」，其實是受了傷的皮膚，是非常粗糙疼痛的；而夏季的烈日，容易造成皮膚色素沈澱、黑斑、曬斑或是其他皮膚病變。

臉部皮膚不像身體其他部位還有衣物的遮蔽，所以要特別的保

護。陽光中的紫外線無所不在，就算待在室內不出門，肌膚一樣會受到陽光中的紫外線襲擊。紫外線極具殺傷力，不但會使皮膚提早衰老，更會令其失去原來的天然白皙度。建議美女們應選用防紫外線護膚產品，並每天使用，以免肌膚受到紫外線傷害，而留下永遠的皮膚問題。

UV-A助長黑色素生成，UV-B易引發發炎症狀

紫外線依波長可分成三種：

1.紫外線A波（UV-A）：波長320～400nm，若長時間照射會使肌膚失去彈性，引起老化，助長黑色素的生成，使皮膚變黑。危險性比UV-B低。

2.紫外線B波（UV-B）：波長280～320nm，UV-B會引起皮膚紅斑、浮腫等發炎症狀。數日後，會因為黑色素增加而引起色素沈澱，也有可能引發日光性角化症和皮膚癌。

3.紫外線C波（UV-C）：波長200～280nm，UV-C會被臭氧層吸收，所以幾乎完全不會到達地表。

對紫外線的感受性因膚質而異，東方人多先變紅、再變黑

正常而言，肌膚曝曬在太陽光下1～2小時就會變紅。如果紫外線愈強，變紅所需的時間愈短。如果長時間曝曬在紫外線之下，會產生皺紋增加、肌膚粗糙、乾燥等老化現象。斑點、雀斑也會因為紫外線而加

深、惡化，最嚴重時還有可能引發皮膚癌。

但是，皮膚對紫外線的感受性因膚質而異，若依皮膚類型進行分類，可分為以下三大類：

第一類：以歐美人最多，膚色白，曬太陽並不會變黑，而是變紅。

第二類：日曬後會變紅，不久之後變黑，以東方人為多。

第三類：曬太陽後不會變紅，而是立即變黑。

另外有因紫外線引起的皮膚問題「日光性角化症」，是因慢性日光傷害而引起的疾病，是可能發展成皮膚癌的前兆。此病症是因為紫外線會傷害皮膚細胞核基因DNA，而隨著年齡增加，因修復日漸困難而產生的疾病，經常因為類似濕疹或突疣，而使患者輕忽，未加以治療，而其症狀是會出現稍微凸起的紅斑，或呈灰色至褐色的色斑，最重要的是早期發現，並接受專業的治療。

防曬係數與保護作用並非成正比，日常以SPF8~15最理想

SPF是「防曬因子」的簡稱，它後面的數字就是「防曬係數」。SPF係數表示防曬時間的長短，一個SPF值代表約15分鐘的紫外

線耐受度，比如SPF8的產品，防曬時間大約是120分鐘，也就是2小時；與不用任何防曬產品相比，塗抹防曬品者，出現皮膚灼紅曬傷現象的時間是沒有使用者的8倍。

如果每天都使用防曬品，選擇SPF8~15最為理想，而過高的防曬係數對肌膚的保護作用並不會比較高。而且使用防曬係數越高的產品，一旦停止使用，皮膚會更容易受到傷害，這是因為防曬係數較高的產品，一般而言較為油膩，化學成份也較高，適合特殊活動使用，如上山下海等活動，但卻不宜當成保養品天天使用。

防曬用品不是「金鐘罩」，多用心才能真正免除紫外線傷害

防曬用品雖然具有保護皮膚的功能，但不是擦了就代表臉上穿了「金鐘罩」，還是需要注意以下幾點，才能真正免除紫外線對肌膚的傷害：

1.上午十點至下午兩點紫外線最強烈，應避免直接曝曬。

2.避孕藥、抗生素及排尿劑等藥品容易引起斑點，不要在服藥期間做日光浴，若有疑慮請向醫師或藥劑師諮詢。

3.眼睛的「防曬」也很重要，應適時配戴太陽眼鏡以保護眼睛。

4.使用防曬產品前，必須徹底了解產品的屬性與用法，以免弄巧成拙，例如防曬傷和防曬黑就是完全不同的兩種防曬品。

5.四十歲以上的人，應避免日光浴（或過度日曬），以免肌膚加速老化。

6.使用柑橘類精油、香水、古龍水、髮雕等用品應避免直接日曬，否則可能造成斑點或發炎現象。

7.化濃妝時應完全避開日曬，因為彩妝的成份會直接與紫外線作用而造成色素沈澱。

8.塗抹油脂類後直接日曬會曬黑。

美女悄悄話

汗水是美麗的頭號敵人

人體排出的汗水與細菌作用後，會產生特殊的「女人味」。因為與汗水一起排出來的，除了水份，還有鹽份、皮脂等廢物，若不快點除掉它，它會漸漸的鹼性化，損傷皮膚弱酸性的保護層。

因此皮膚在流汗之後必須馬上擦拭或以清水洗淨，沐浴時，花多一點時間浸泡，使汗水及廢物順利排出，再以較體溫稍冷的水沖洗身體，使毛孔收縮。

比正常人易流汗的美女們，較偏酸性體質，不要只是大口吃肉，應注意飲食上的均衡。

第二篇

美膚五部曲：「簡單容易」就是王道！

- 深層潔膚：洗臉是青春永駐的最大秘訣
- 按摩：與其靠那些貴得要命的保養品，不如靠自己的雙手！
- 敷面：增加肌膚光澤與彈性的懶人妙方
- 整膚：肌膚油水均衡，外表才會光澤亮麗！
- 隔離與彩妝：正確化妝能保護皮膚，錯誤化妝造成皮膚負擔

本來，許多的生活習慣，像是吃飯、睡覺、洗澡，應該沒有特殊的步驟和方法，但由於人類的「進化」，導致應該「自然」的事情變得複雜和困難。所以，現在吃飯有吃飯的「禮儀」、不同的食物要搭配不同的餐具、有著不同的「享用」方式，搞得吃頓飯得緊張兮兮的，深怕自己不諳規矩而出糗！睡覺原本也是躺下來就自然會發生的事，只要自然的放鬆就可以睡著，但現代人由於攜帶著太多的緊張，必須「學習放鬆」、控制睡眠的環境——選張好床、調整溫度和光線，還要學習很多靜心的「技巧」，甚至於要依賴藥物或酒精，才能很痛苦的睡著。

五花八門的保養產品、儀器、療程……也是如此。由於人類在溫飽之後，開始有多餘的心力可以讓生活更美好，所以，如何能長生不老和青春永駐自是商機無限。

繁雜的保養程序、多到不知如何下手的保養品，讓還沒開始保養的小美女們就已一頭霧水，正在保養的美女們也是邊保養邊懷疑。其實，「簡單容易」就是王道！

易則易知，簡則易從。如果太困難就不容易了解，如果太複雜則不容易做，美女們請拋開瓶瓶罐罐的迷思，用最簡單正確的方式，長期持續地做，皮膚問題就不會找上你，而且歲月的刻痕將不會使你變老，而是把你雕琢得更有成熟美。

如果還是要把保養拆解成各種步驟，那下列的美膚五部曲將依序為美女們解說，美女們將會更明白保養是在做什麼？有什麼用？進而找出最簡單、容易、且適合自己的保養藝術！

一、深層潔膚：洗臉是青春永駐的最大秘訣

洗臉是美容保養最基本的步驟。有許多皮膚問題的起因，都是由於洗臉不徹底，使得砸下大把銀子投資的保養品，因毛孔內皮脂、污垢的阻塞，而發揮不了作用，所以常有美女們質疑：為什麼用了那麼多保養品，皮膚一點起色也沒有？「不如不要用……」她們下了這個結論。

都市空污嚴重，卸妝、洗臉雙重步驟才能徹底清潔肌膚

許多人認為如果平時不化妝，臉上的皮膚就不會堆積油垢，也不需要卸妝。事實上，皮膚具有呼吸作用，皮脂腺會分泌皮脂，而現代都市中空氣污染嚴重，使得一般人即使不化妝，散佈在空氣中的灰塵或汽車排放的廢氣，也會附著在皮膚上，與皮

脂混和成為油膩的污垢。因此，必須要以「雙重洗臉法」徹底潔淨，才能保持毛孔的暢通。清潔的皮膚能防止皮膚疾病的產生。

由於皮膚的污垢有兩種，一種是清水即可洗得掉的灰塵與汗水等，另一種則是皮脂、化妝品等無法用洗面劑洗淨的油性污垢。去除「油性污垢」需要使用卸妝產品，先溶解油性污垢後再洗臉。尤其是有化妝習慣的人，更需要以卸妝產品來去除彩妝，然後再進行洗臉的動作，才能徹底清潔肌膚。卸妝、洗臉這兩道步驟，即稱為雙重洗臉。

冷熱水交替洗臉有助收縮毛孔，增加肌膚彈性

收縮毛孔有許多的方式和產品，而每天都可行、最經濟簡便的方式，莫過於冷熱水交替洗臉法了！因「熱脹冷縮」的原理，皮膚在接觸適溫的熱水之後，會感到較為放鬆與舒緩，並促使毛孔張開，有助於污垢及汗水的排除；而冷水可使皮膚收縮，加強皮膚的緊實狀態，熱、

美女悄悄話

頻繁的洗臉會導致皺紋產生？

洗臉的次數並沒有一定的限制，但是若過於頻繁，會讓肌膚上的皮脂膜喪失自行調節的能力，如果放任不理，就會產生皺紋或皸裂、粗糙的現象，尤其在冬季情況更為嚴重。

如果常常覺得臉髒到非洗不可、愛洗臉的習慣一時改不過來，就不要每次洗臉都使用洗面乳，有時用清水潑洗即可，這樣才能發揮洗臉的正向作用，並防止洗面乳對皮膚的傷害。

冷、熱、冷交替，就如同讓皮膚跳了一段韻律操，刺激皮膚功能、增加彈性，不但毛孔不再擴張，連小皺紋、晦暗的肌膚都可以得到改善。

熱、冷水溫落差，大約在10℃~20℃左右，無論重複幾次，均應先熱後冷，持之以恆，必有所獲。再次提醒你，水溫的高低，直接影響到洗臉的結果。水溫太冷，洗面乳不易溶解起泡，過熱的水，則會使表皮喪失皮脂和水份，導致皮膚粗糙，還有你的小細紋會變成深皺紋。喜歡用很熱的熱水洗臉的美女們，雖然在嚴冬中感覺很過癮，但想到乾燥使得皺紋爬滿臉時，請三思而後行唷！

依照化妝「濃」度及化妝品性質，選擇適合自己的卸妝產品

在卸妝產品的選擇上，要依照自己化妝的「濃」度及化妝品的性

質，選擇適合的卸妝產品，並試驗卸妝清潔用品的滲透性（是否可以徹底將毛細孔內的污垢溶出）、洗感（在使用時的感覺）及清潔後的皮膚觸感，其餘可視自己習慣和喜好來選購。記得哦！毛孔中的油性污垢，是無法只依賴洗面劑來清除的，就算方便的「洗卸兩用」產品也是不甚理想，還是必須使用油溶性的卸妝霜、卸妝油或卸妝乳液來清潔。

1.卸妝水（露）：是一種親水、也親油的配方，適合一般未施脂粉的皮膚使用。使用簡便，只需以化妝棉沾取擦拭，即可達到清除油溶性污垢的功效。在沒有洗面乳時，也可以多次擦拭後，再以清水洗臉，輕易的就能解決皮膚油膩的困擾。但如果遇到真的油（例如油性彩妝、超油膩肌膚），可是無法解決的唷！

2.卸妝凝膠：是凝膠或露狀的卸妝清潔用品，雖不含油質，但具有高度清潔的功效（因為含有界面活性劑，為化學成份，所以不要在臉上按摩或是停留太久的時間），用時感覺清爽，適合不化妝或化淡

妝的人，在每天晚上清潔臉部時使用。

3.**卸妝乳液**：是介於水性卸妝露和油性卸妝霜之間的乳液狀卸妝劑，兼具清爽與潤滑效果的洗感，對於色彩化妝品有較卸妝水或卸妝凝膠更佳的去除力。

4.**卸妝霜**：可以卸掉防水性的眼影、唇膏、粉底。較卸妝乳液油，但延展性很好，很容易在臉部推開按摩，有滑潤功能，在卸妝過程中能使清潔更徹底。

5.**卸妝油**：過去的卸妝油是針對附著力強、或是油性的彩妝所設計，但現在的產品乳化技術提升，連一般未上妝的肌膚都可以使用，選對產品，用後也不會有油膩的感覺。

6.**專用卸妝劑**：嘴唇、眼部周圍的皮膚較脆弱，多設計有專用的卸妝液，使用後不傷皮膚、有滋潤感。眼部卸妝液還有專門提供給戴隱形眼鏡者的產品。

卸妝務必確保彩妝無殘留，才能避免色素沈澱形成熊貓眼

卸妝應首先從眼影、口紅等較濃的妝開始，然後再清潔其他部位。可以先將化妝棉沾卸妝乳液/霜，敷在濃妝上，待彩妝和卸妝產品乳化後，即可開始擦拭。

卸妝時不宜太用力，使用化妝棉時，擦拭的方向要順著肌膚的紋路。化妝棉擦拭後應立即更換；如果妝彩太濃，必須再重複清潔，一直卸到化妝棉上無殘留彩妝、完全乾淨為止。

眼部卸妝：眼部彩妝最好分為多次卸除，因為眼部彩妝包括眼影、眼線、睫毛膏等，如果妝畫得較濃，或使用防水眼線或睫毛膏時，更要仔細卸妝。最好的方式是使用眼部專用卸妝液，以化妝棉、棉花棒輕輕的卸除。

唇部卸妝：卸除唇膏時，可先將口紅用已經用水沾濕的面紙拭去（乾的面紙觸感較硬，怕傷嘴唇肌膚），再將沾有卸妝產品的化妝棉從嘴角開始往內輕輕擦拭。

而眼部及唇部卸妝要點如下：

1.用棉花棒沾取眼唇專用卸妝產品，從眼線及睫毛根部彩妝開始卸。

2.用化妝棉沾取卸妝品，閉上眼睛，以化妝棉將睫毛從底部（毛根）往毛尾卸，並順便卸除眼影，最後記得再檢查眼妝是否完全卸除。

3.若是眼部仍有彩妝殘留，再重覆數次，務必完全清除彩妝，否則以後會有想卸也卸不掉的熊貓眼（色素沈澱）哦！

4.卸除唇部彩妝，也是以化妝棉沾唇部卸妝產品後，覆蓋在唇部約十秒，待乳化後即可卸除。

理想的洗臉方法是以指腹輕輕按摩，切勿用力搓洗

洗臉？每天都在洗、每個人都會洗，哪有什麼學問啊？如果美女你也這麼想，那可就「輸在護膚的起跑點」囉！

先說明理想的洗臉步驟：

1.將頭髮束起，較不會妨礙洗臉，洗面乳的泡沫也比較不會污染頭髮。

2.先用水洗淨雙手。

3.用清水拍洗臉部（將臉打濕）。

4.取適量洗面乳，在手上搓出泡沫，接著以臉中心為主，兩隻手掌分別由下往上，由裡往外螺旋狀清洗臉部。注意：洗臉是清潔工作，臉上尚有許多髒污，不可按摩過久。

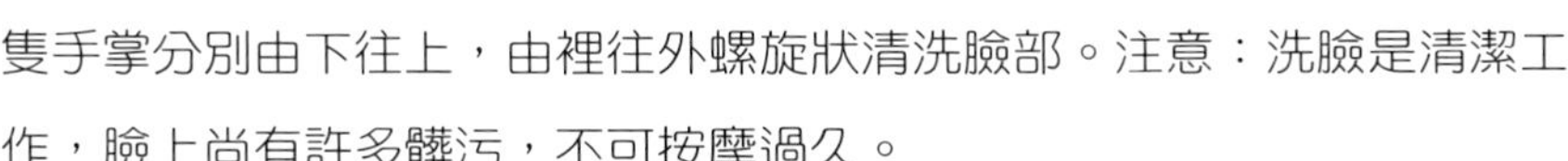

5.用清水徹底將洗面劑清除，用乾毛巾將臉上的水份拭乾。

洗臉時的按摩應以指腹輕輕的進行，切勿用力搓洗，也勿用指甲像在洗頭髮一樣用「抓」的，別懷疑，我真的看過有人這麼洗！洗面劑一定要先在手中搓出泡沫，不但便於清洗，也比較不傷害皮膚（因洗面製品多含有鹼性成份，直接使用恐有傷皮脂膜）。若清洗一次覺得不夠乾淨，可以再重覆清洗一次。請注意：洗完臉後應留意髮際處是否有殘留泡沫？是否完全洗淨？

洗臉的水溫不宜過冷或過熱，最好是用溫水，因為冷水會使毛細孔緊縮，若一開始洗臉就將毛細孔緊縮，便無法去除毛細孔中的污垢；相反的，若用熱水洗臉，反而會洗去過多的油脂，使皮膚粗糙乾澀。在臉洗淨後，化妝前，可用流動的冷水輕拍臉，將臉部降溫，這樣比較不易脫妝哦！洗完臉還可以用沐浴用的蓮蓬頭沖洗臉部，因水流有按摩的作用，可使皮膚更加潔淨清爽並增加彈性。

掃除肌膚角質的障礙，讓保養品的吸收率立即提昇

角質層是皮膚的屏障，具有保護皮膚的功能，但多餘的角質會讓你的皮膚觸感「不滑溜」，適當去除角質，可使肌膚粗糙的觸感立即改善。少了一層障礙物，皮膚對於保養品的吸收率立即提昇，更能達到有效的保養。

使用的方式及次數要看你選擇的產品而定，一般較推薦「去角質凝膠」類，可溫和搓除角質，而選擇磨砂膏則取決於使用的力道，若過度有可能會磨傷你細緻的皮膚，受傷後的皮膚反而會更粗糙哦！

不同的膚質，有著不同的去角質頻率。理論上，角質28天會自然代謝，但事實上，要看現在的環境：不天然的產品、各種化學物質的刺激等，導致角質的代謝無法順暢，所以我們要適時的「幫它一下」。

如果平時經常使用的洗臉海綿、洗面刷，或是洗面劑中含有磨砂

顆粒，去角質的頻率則可以延長。因為平常在洗臉時，已經同時去除了部分的老化角質，如果再頻繁的使用，恐怕反而傷害肌膚。而根據不同膚質，去角質頻率建議如下：

一般中性皮膚：一星期一次

油性皮膚：3～4天一次

乾性皮膚：2～3星期一次

敏感性皮膚：1～2個月一次

以上次數乃是一般建議，美女們還是要視個人肌膚情況增減唷！

去角質小技巧：

1.**額頭**：用手指輕輕按住皮膚，另一隻手的中指或無名指由中間向兩邊輕搓。

2.**右側及左側臉**：由下往上輕搓，手法一定要輕柔，不要過分用力的拉扯皮膚。

3.**鼻子兩側**：由上往下輕搓。

4.**唇部周圍以及下顎**：順著唇部四周圍的肌理，由裡向外圓弧形輕搓。

二、按摩：與其靠那些貴得要命的保養品，不如靠自己的雙手！

按摩可促進血液循環，增加皮膚的彈性與光澤

臉部按摩可以促進血液循環，幫助淋巴廢物的排除，引導黑色素的代謝，增加皮膚彈性與光澤。但按摩可不是在臉上胡亂揉按一通哦，錯誤的方式、力道或刺激，不但沒有幫助，反倒會產生反效果。

如果美女們能經常進行臉部「正確」的按摩和指壓，不但可以促進臉部的血液循環與新陳代謝，還可增加肌膚彈性與光澤度，保證容光煥發，比起貴得要命的貴婦級保養品，不但經濟，產生的效果還要好得多！總計臉部按摩的功效包括：

1.能促進臉部血液循環，讓體內的營養能順利被送達肌膚組織，並被有效的吸收利用。

2.促進肌膚正常的新陳代謝，加速黑色素的排除，預防黑斑的產生。

3.能增加皮膚氧氣的輸送，協助細胞的新陳代謝作用。

4.能幫助肌膚排除廢物及二氧化碳，減少油脂在肌膚的累積。

5.運動皮下組織，增加皮膚的彈性和光澤，延緩皮膚老化的情形產生。

6.能消除臉部神經的疲勞，使肌肉放鬆，肌肉層在獲得足夠的運動與營養後，就能保持良好的機能。

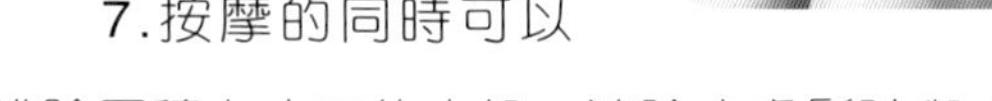

7.按摩的同時可以排除囤積在皮下的水份，消除皮膚鬆弛與水腫的現象。

8.能幫助表皮角質細胞的代謝，使皮膚呈現出光滑柔嫩的健康膚質。

9.經過正確且適當按摩的肌膚，由於血液循環良好、廢物的代謝與排除，使皮膚更紅潤、更年輕、更有光澤！

在徹底清潔皮膚後進行按摩，效果最好。至於按摩的產品，年輕的肌膚、油性的肌膚應選用無刺激性、清爽者為佳，乾性肌膚、老化肌膚則建議使用按摩油、按摩霜、芳香精油等滋潤度及含油脂度較高的產品來進行，可同時滋養及調理肌膚。

而按摩並非只有摩擦皮膚的表面，而是沿著肌肉、骨骼的方向，以輕柔、有節奏的方式牽動肌肉，過度的施力、錯誤的方式，反而會使得皺紋及黑斑加深哦！

選對按摩霜，才能做個舒服又有效的按摩

1.選擇質地清爽、易於推勻的按摩霜

因為按摩霜必須停留在臉上較長的時間，且需藉著按摩霜令臉部按摩動作更為滑潤順暢，進而達到運動肌膚的活化功效，因此，產品的質地不可過於油膩，且應以植物油的配方為主，如荷荷葩油、酪梨油等，以免過度油膩而阻塞毛孔；按摩霜的延展性也很重要，應好塗抹、容易推開，以免潤滑度不夠、澀澀的不易滑動按摩，對肌肉產生錯誤的推擠，反倒容易產生皺紋。

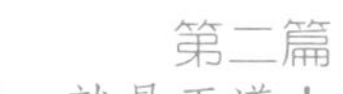

2.掌握肌膚紋理

臉部的肌肉又稱為表情肌，其組織相當複雜。由於臉部皮膚很薄，皮膚與肌肉合為一體，互相牽動，皮膚會隨著肌肉的運動而活動，因此，在按摩的時候，一定要順著肌膚紋路與生長方向來操作，不正確的手法有可能導致小細紋產生，如此就得不償失了。

3.按摩力道宜輕柔有節奏

按摩臉部時，要注意使用「指腹」，輕柔而有節奏地、順著肌膚紋理與神經穴點，依序按摩即可，沒有固定要做什麼動作。而為了避免對肌膚過度推擠造成皺紋，按摩霜一定不能太過節省，要將足量的按摩霜塗在按摩部位，而且要滑度剛好，才能做個舒服又有效的按摩。

4.配合去角質、敷面，可提高美膚效果

為了提高肌膚保養的效率，美女們在每次按摩前可以先去角質，此舉將可大幅增加肌膚的吸收能力；在每次按摩後，以面膜敷面，由於此時的肌膚毛孔微張，對保養品的接受率最高，能有效吸收面膜中的成分，達到肌膚保養的最佳效果。

洗臉、卸妝時不要「順便」按摩，以免細菌回滲皮膚

按摩要在「臉部乾淨」時進行，在洗臉、卸妝時，不要「順便」按摩臉部，以免細菌和污垢在臉部長時間的停留，甚至「回滲」皮膚，進到毛孔裡。

按摩時不需五指併用，只用中指與無名指指腹即可，力道比較溫

和，也比較順手。按摩前，可以先用熱水泡泡手，或是用吹風機將手溫熱。暖暖的手按摩臉部，不但舒服，而且舒緩的效果更好。

誰需要按摩？
乾妹妹、夜貓女、虛弱美女、過勞女……都需要

既然臉部按摩對美麗臉蛋有很大的助益，那到底哪些人最需要臉部按摩呢？

1.常覺得皮膚乾燥、鬆弛的美女。

2.有皺紋、皮膚有老化傾向的美女（淺層皺紋效果較明顯）。

3.經常熬夜的夜貓族美女（肌膚容易缺氧且代謝不佳、較暗沈）。

4.身心疲勞、氣色不好的虛弱美女。

5.生理期後由於流失血液有貧血傾向的缺血美女，需要按摩來促進膚色紅潤。

6.精神壓力大，需要舒緩放鬆的壓力美女。

油性輕拍避免「油光滿面」，
乾性略為施力使皮膚更有活力

一般而言，按摩是由下往上、由裡往外螺旋狀進行。由頸部→下顎→臉頰→額頭→鼻子→口部四週→回到頸部，依需要循環數次。

請見第61～63頁圖示說明：

而不同性質的肌膚，也要有不同的按摩方式，才不致因為方式錯誤而適得其反。

1.油性肌膚：按摩能通暢皮脂腺，並促使皮脂腺分泌旺盛，所以有些人表示護膚隔天皮膚出油的情況會比較多，若是乾性肌膚則是「求之不得」，但油性肌膚可就「油光滿面」了。油性肌膚最好是以輕拍、輕彈（如同彈鋼琴般）、輕捏（有助於毛孔油脂的排除）、穴道指壓等手法為主。

2.乾性肌膚：由於乾性皮膚易有皺紋產生，以略為施力的螺旋狀按摩法有助於肌肉運動，預防皺紋形成，並增加肌膚的含氧量，使皮膚更有活力。

3.中性肌膚：由於天生麗質，皮膚沒有特殊狀況，故可依個人喜好，綜合油性和乾性的按摩方式進行。

脖子的按摩：（可防止脖子皺紋的產生）

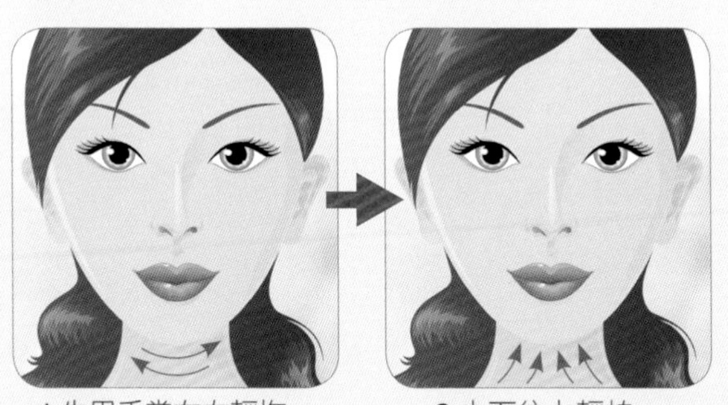

1.先用手掌左右輕撫。　2.由下往上輕拍。

臉頰的按摩：

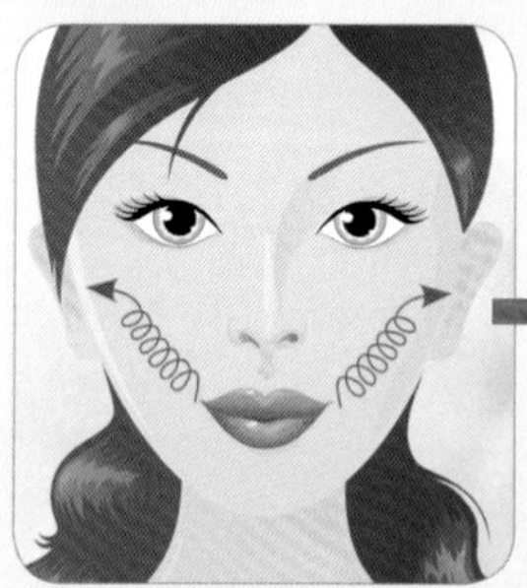

1.嘴角→耳中。
（旋螺狀進行）

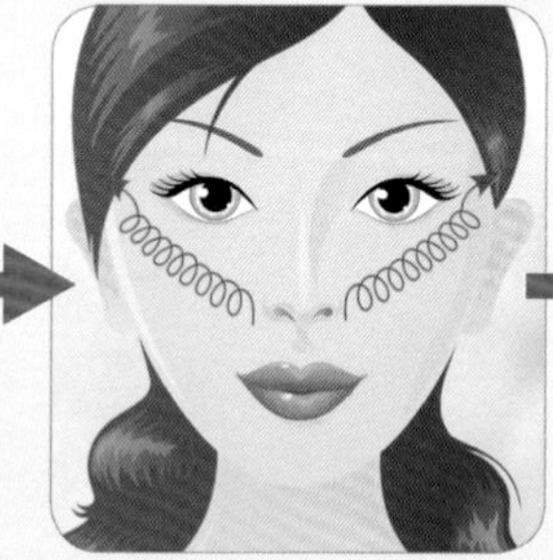

2.鼻翼→太陽穴。
（旋螺狀進行）

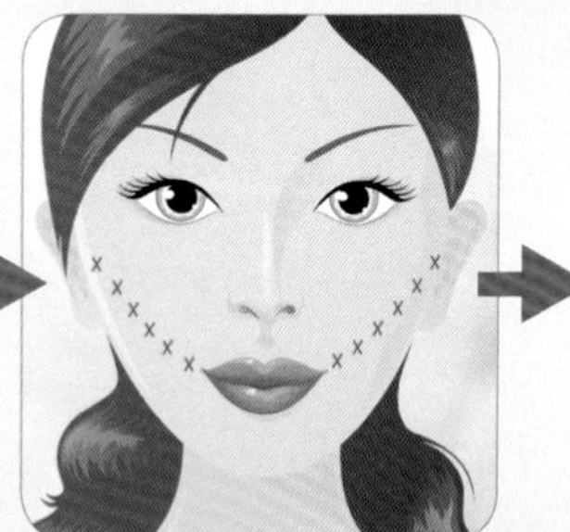

3.用拇指、食指和中指輕捏，由嘴角→耳中。

額部的按摩：

1.以大旋螺狀按摩。

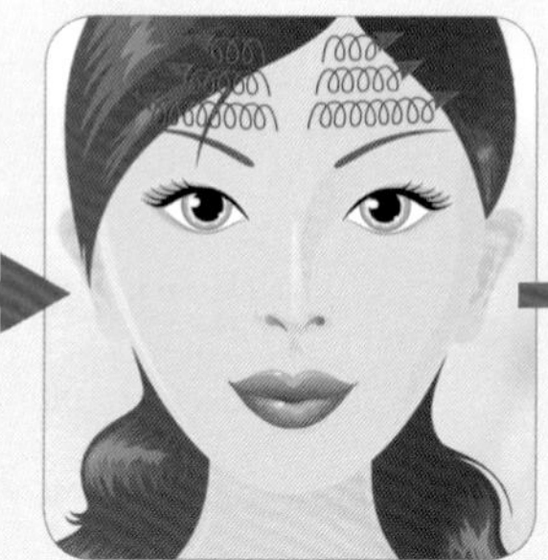

2.改用小旋螺狀仔細再按摩。

3.用手掌由下往上輕拍額部。

眼睛四周的按摩：

1.由裡到外，
按摩眼睛四周

2.由眉骨部位
開始按摩眼眶部份。

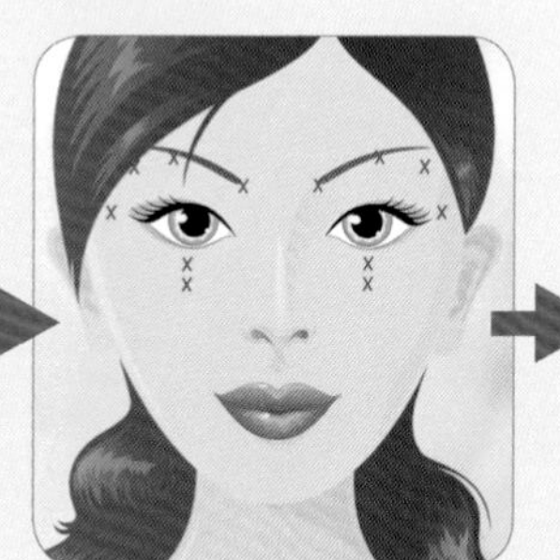

3.在畫×處指壓。

4.鼻翼→太陽穴。（輕捏）

5.用手掌輕拍頰部，由嘴角→耳中。

6.用手掌輕拍頰部，由鼻翼→太陽穴。

鼻部的按摩：

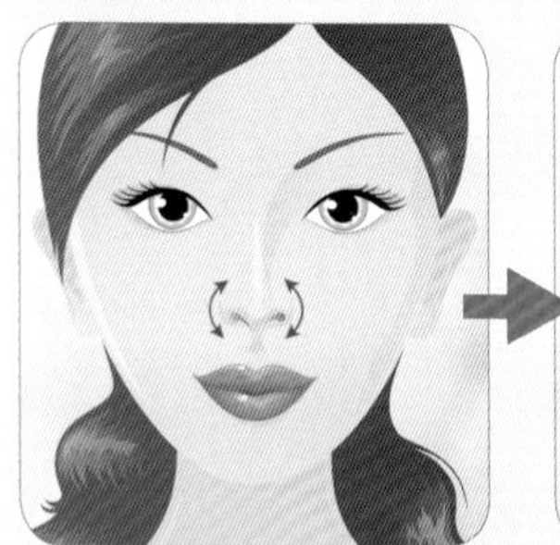

1.用中指和無名指在鼻翼兩側按摩。

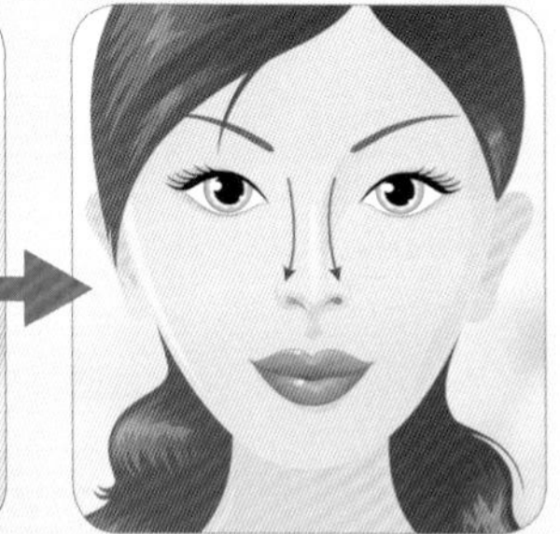

2.由上往下輕撫鼻子。

4.在眼尾處以8字形按摩可防止魚尾紋產生。

嘴部的按摩：

用無名指和中指在嘴部四周半環狀按摩。

下顎的按摩：

由下顎→耳後，旋螺狀進行。

臉部穴道指壓參考圖

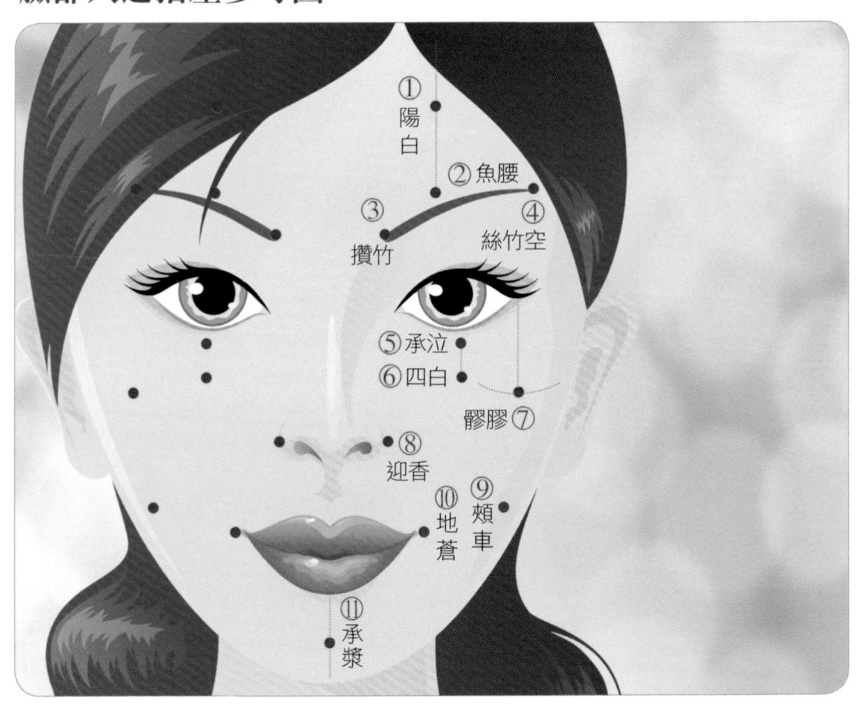

美女悄悄話

沐浴後按摩效果最佳

沐浴後由於肌膚潔淨、毛孔微張、血液循環加速、精神與肌肉均處於放鬆狀態，此時按摩效果最佳。按摩後記得將按摩產品清潔乾淨，再用熱毛巾敷臉（按壓個幾秒鐘就OK囉），感覺會更舒服清爽唷！

增加肌膚光澤與彈性的懶人妙方

促進新陳代謝，使皮膚得到最佳的調理與休息

皮膚的光澤與彈性，除按摩外，正確的敷面更是能發揮立即可見的效果。敷面能暫時隔離皮膚與空氣的接觸，封閉的狀態能使表皮的溫度略為提高、毛孔微張（甚至於排汗）、促進新陳代謝，而毛孔內的污垢便會隨著汗水連同面膜剝除，皮膚便可藉由面膜的調理作用而得到休息與平衡。

敷面的效果總括如下：

1.滋潤肌膚：敷面後蒸發出來的水份可使皮膚柔軟，同時使含於敷面劑中之養分易被皮膚吸收。

2.促進血液循環：皮膚因按摩、敷面溫度提高使血液循環良好。

3.促進新陳代謝、消除肌膚的疲勞。

4.清潔毛孔污垢：平時不易清除的毛孔內髒污，可藉由敷面協助清潔。

5.有保濕、吸油、美白、營養等效果，依使用之材料不同而發揮不同的效果。

布膜、泥膜、凝膠膜、霜狀膜，哪一種最有「魔」力？

隨著面膜種類不一，針對的皮膚及效果也有差異，說明如下：

1.布膜：布膜狀的面膜片，多半是使用一些紙類、不織布、生物纖維等為素材，強調各種機能精華液的吸附，利用「膜」形成的不透氣、保溫特性，加速皮膚吸收保養品的能力。常見的各種保濕面膜、美白面膜，都是屬於布膜狀面膜。布膜狀面膜主要的訴求為保濕與美白，需要注意的是，敷面膜前要對面部皮膚進行清潔，這樣才能使面膜發揮最佳效果。

2.泥膜：泥狀的面膜多半以高嶺土、綠陶土為主要成分，有吸附油脂的功用，通常使用後會有清爽的感覺。泥狀面膜常見會添加一些木瓜、鳳梨等植物酵素，可使肌膚加速代謝老化角質與粉刺等功能。泥狀面膜多以控油清潔為訴求，所以想要給肌膚全面的護理，可選擇含有如氨基酸、膠原蛋白等營養成分的泥膏型面膜。

3.凝膠/霜狀面膜：凝膠/霜狀面膜通常具有保濕、滋養、調理等功能，用法是直接塗抹於臉部，靜待15~20分鐘臉部吸收後，用面紙擦拭去除或直接清洗即可，有些產品還可以不必清洗，薄敷後能在皮膚形成保護薄膜。凝膠類的面膜適合油性、缺水肌膚使用，而霜狀面膜可以調理乾性缺乏滋潤的皮膚。

4.剝離式面膜：剝離式面膜有蠟、乙烯基與橡膠質地，或水狀膠體質地，成膜後能揭下來。將面膜敷在臉上，慢慢乾燥後變成薄膜，在這個過程中緩緩把皮膚適度的收緊，增加張力，能產生按摩的作用，能讓皮膚上的皺紋舒展、被撐開來。且面膜在成膜時，它的膠黏性成分會把皮膚表面和毛孔裡的污垢、廢物、油脂等黏附在一起，揭下後徹底清除，清潔作用比較明顯。

保濕面膜DIY

工具：化妝水（一定要是無酒精，才不會引起刺激及過敏）；面膜紙（面膜壓縮錠亦可）

做法：將化妝水倒在面膜紙上，拿起來必須呈微滴水的

狀態（化妝水若倒太多至滴下來則浪費，化妝水若倒得不夠，面膜紙乾得很快，反而會從皮膚搶走水份唷！），服貼在臉上10分鐘，將面膜紙取下後，立即感受到肌膚的活力。

注意事項：

1.長途旅行或是長時間處於空調環境中：應選用保濕化妝水。

2.日曬後：應選用有鎮靜、美白、保濕效果的化妝水。因為日曬後的肌膚不安定，同時亦是肌膚含水量最少的時候，保濕化妝水可以調理水份的平衡，皮膚就不會因為缺水而脫皮。

3.保濕加強版：在化妝水中調和適量保濕精華液後，加入面膜紙後敷面。

4.滋潤加強版：在調和好的化妝水加保濕精華液中，再加入適量乳液或是已稀釋的芳香精油調勻，加入面膜紙後敷面。

上述互相調和的產品必須是同一廠牌，切莫聯合國大混雜。因為各廠牌的添加物並不相同，隨意混合使用，可能產生未知的化學作用（互斥）而傷害皮膚，引發不必要的皮膚問題。

添加維他命，讓面膜功效更升級

維他命A：柔軟角質、滋潤肌膚，對於老化肌膚及粗糙乾裂尤其見效。

維他命C：收斂上皮、止血、美白。

維他命D：修復皮膚的組織。

維他命E：潤滑肌膚、活化末梢神經、防止老化、抗氧化、促進血液循環、防止自由基產生、預防黑色素沈澱。

按部就班，樂當速成美女

敷面的保養順序為：**深層清潔→按摩→化妝水→敷面→化妝水→精華液→乳液。**

而應注意事項如下：

1.眉、眼、唇可以塗抹保養霜或乳液，敷面劑與眉、眼、唇需有適當的留白。

2.注意保護眼睛，勿使敷面劑侵入。

3.敷面前將臉洗淨，並做好按摩後再敷面，可使皮膚表面的溫度提高、毛孔微張，促進吸收與代謝。

4.若使用會乾燥、緊縮皮膚之面膜，在敷面過程中儘量勿有表情，以免因為表情而有紋路產生。

5.若使用DIY敷面法，每次使用前才調製最新鮮，千萬不可調很多留待下次使用，以免變質產生細菌導致皮膚過敏。

6.敷面的頻率在每週1～2次即可。

7.停留在皮膚上的時間因敷面劑的性質、類別及品牌不同而有差異，請依產品的使用說明進行。

四、整膚：肌膚油水均衡，外表才會光澤亮麗！

整膚是平衡肌膚的首要工作！完成了深層潔膚、按摩、敷面之後，接著就是要補充皮膚流失的水份和油份。肌膚油水均衡，外表才會光澤亮麗！

化妝水之於皮膚，如同水與植物的關係密不可分

為什麼要用化妝水？不是塗抹乳液就算「有保養」了嗎？相信這是許多美女們的疑問。化妝水之於皮膚，就如同水與植物的關係般密不可分。植物乾枯時，適當的水份就能使其恢復生機，而不是施與肥料；而皮膚因為缺水乾燥而脫皮，產生小細紋，塗抹化妝水是最好的保養方式。許多美女在這時拚命塗抹面霜乳液之類，儘管皮膚都已經油光閃閃了，還是覺得乾燥？這時，其實只要適量塗抹化妝水就能改善了。

肌膚的性質不同，化妝水也有許多種類，而依季節、皮膚變化的不同，也必須更換不同的化妝水。基本上，化妝水分為弱酸性和弱鹼性

兩種，也就是早年俗稱的「收斂水」和「柔軟水」，但現在則是以「呈現的效果」來作為區分，如：保濕、美白、鎮定、滋潤等，「望文生義」，美女們應該很容易可以找到自己最需要的化妝水。

好的乳液/面霜可形成保護層，減少水份蒸發

品質良好的乳液/面霜，可以輔助皮脂膜，在臉部形成保護層，並減少皮膚水份的蒸發，延長你塗抹的化妝水在皮膚的時間；冬季可以預防寒風侵襲造成的乾裂和粗糙，夏季可以預防冷氣帶來的肌膚乾燥缺水。但年輕的美女們要選用清爽型的水乳液，而霜類則視需要補充即可，才不會因為含油量高而造成皮膚的負擔，致使臉上長出痘痘、粉刺類的違章建築哦！

常有美女們會問：保濕到底是「補充水份」？還是「防止水份逸散」？我們也常聽到「保濕」是美肌的第一課，可以防止老化等，功效顯著。然而保濕的作用到底是什麼？它的原理又是什麼？

美國最早研發出來的「科技型」保濕產品，大約出

現在上個世紀40年代，最原始的動機是企圖用蠟、礦物油或其他的油脂類，將皮膚像是給蘋果打蠟般的密封原理，希望能藉此防止水分的逸散（鎖水），並完全隔離外界和皮膚的接觸，在皮膚形成保護層。

這個原理看似合理又有效，本來風行一時，但是皮膚不是蘋果，人體是個微妙又複雜的組織，沒辦法用「打蠟」的原理，就此保留住肌膚內外層的水份及完美的膚觸，而且持續使用這個方法的結果，反而讓皮膚更加乾燥、毛細孔阻塞，產生了黑頭粉刺及肌膚更加鬆弛等反作用，愛美人士莫不驚恐！

保濕的目的，應該是幫助肌膚維持濕潤度，肌膚缺乏水分的人，不管你的年齡多小，皆應該使用保濕產品。若肌膚能有效保持水分，不但能滋潤肌膚，也能讓那些因皮膚缺水而產生的細紋明顯淡化。

保濕品多以礦物油、水或天然油脂為基礎成分，能幫助肌膚保持水分，成份多含有濕潤劑，是能夠捕捉空氣中水分子的物質。常用的濕潤劑有甘油、鮫鯊烷（或稱史夸蘭油）、玻尿酸（或稱HA酸、玻璃醣醛酸）、

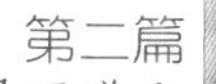

荷荷葩油、乳酸（Lactic Acid）與尿素等。用完補充水份的「保濕」劑後，還要再加上油脂類的保護層，才能將水「鎖」在皮膚內，防止蒸發逸散。

不同膚質有不同保濕策略，油性重清爽、乾性要滋潤

1.中性肌膚：保濕化妝水加乳液即可。若使用霜類，不可選擇太過滋潤油膩的，以免肌膚負荷不了而長痘痘。

2.油性肌膚：清爽型保濕。夏季不必使用乳液，選擇凝膠或露狀的保養品即可。

3.乾性肌膚：使用保濕化妝水加乳液外，也可以用保濕面膜來提高肌膚的滋潤度，如果還是感覺不夠，可不是增加面霜或乳液的用量哦，而是要使用較為滋潤型的化妝水。

4.混合性肌膚：T字部位特別使用較清爽型保濕的化妝水和乳液，以免油脂度過高，而臉頰可以使用保濕化妝水和乳液。

5.敏感性肌膚：應使用不含酒精及香精的產品，以免產生過敏。而敏感性肌膚要視皮膚的狀況選擇滋養型或是清爽型的保濕，一般而言，單一使用凝露狀的產品是對皮膚刺激性最低、負擔最少的保濕方式。

肌膚保養沒有早晚之分，日夜一樣重要

經過了一夜好眠，毛細孔內殘留油脂等代謝後的廢物，肌膚不但

無法順暢呼吸，也無法補充流失掉的水份（尤其是夏天在冷氣房中，皮膚通常會非常的乾燥），皮膚很容易老化，並衍生黑斑、皺紋、乾裂、面皰惡化等皮膚問題。因此，早上請提早五分鐘起床，好好的把臉洗乾淨、拍上適量的化妝水、乳液與隔離霜之後再出門。

一般人都認為晚上的保養比白天重要，一方面較有時間，一方面較放鬆，可以好好的處理這張臉。也有人把保養的重點放在早上，就像商品包裝一樣，沒有包裝好怎麼能外出見人呢？

以重要性而言，皮膚保養是沒有早晚之分的。但以保養的重點而言，晚上是肌膚休息的時間，也是新陳代謝機能最旺盛的時刻。肌膚在經歷一天污染的空氣、奪去水份的空調、一層層彩妝的「摧殘」之後，需要補充流失的水份及養份，因此，夜間保養的目的與重點就是挽救它。

肌膚也能利用睡眠時進行新陳代謝，獲得充份的休息，在隔天早上再度回復生機。而日間保養是要防止紫外線的傷害，因此保養的重點在於防曬與隔離，基礎保養就是少不了的工作。日間和夜間保養的目的雖然不同，但都是為了保護肌膚、防止老化，重要性是相同的唷！

五、隔離與彩妝：正確化妝能保護皮膚，錯誤化妝造成皮膚負擔

化妝前的必備保護——隔離霜

化妝不僅增添女性美，而且已成為現代人的社交禮儀，因此不論化妝與否，新時代女性應具備有關化妝的知識。

許多素顏美女常常忽略粉底（隔離）對皮膚的正面作用，事實上，只要卸妝作得徹底，粉底（隔離）對皮膚的「保護」作用亦不容小覷。因為美女們在化妝後，皮膚和外界還隔著一層「防護罩」，空氣中的灰塵和污垢附著在臉上，但並不會直接接觸皮膚。卸妝時灰塵、油垢即同時被清除，較不易造成毛孔的阻塞與黑頭粉刺的形成，但如果妝卸不徹底，效果則是相反哦！

在清潔、按摩之後，也完成了整膚的油水平衡，一般而言算已經完成了「基礎保養」，但美女們，如果你要外出，至少要再加上隔離，因為大多數的隔離霜都具有防曬效果，可以幫助你避開紫外線的荼毒，而防曬系數（SPF值）的高低、防曬能力（PA、PB）等，可參照本書第五篇「肌膚用品大解密」的進一步說明。而優質的底妝，可以讓肌膚的質感看起來更加白皙透明，將女性的柔美襯托得更加動人。

隔離霜可以保護皮膚不受化妝品侵害、隔離灰塵、調整肌膚顏色、防曬等，而隔離霜在妝前使用，可以隔離彩妝，被視為化妝前必備的保護；如果和粉底調和使用，可減輕粉底的厚重感，讓底妝更具有透明感。

有的隔離霜還添加淡綠色、紫色、柔白色、珍珠亮等顏色，具有特殊的潤色功能；添加防曬成份者，還可以隔離紫外線、灰塵、電腦輻射等。這種種的「好處」，讓塗抹隔離霜成為彩妝的第一步。

專業彩妝師的秘訣——擁有一盒好粉底

美人們，你是否總是感覺自己畫的彩妝和專業化妝師畫出來的彩妝，效果上有很大的出入？專業化妝總有一種「若有似無」的透明感、潔淨感，反正無論怎麼形容，就是比你自己畫出來的好得太多哩！其差異在哪裡呢？不都是那些工具和產品嗎？你知道嗎？其中最大的秘訣就在於「粉底的優劣」。

流行的色彩，並不是化妝最重要的事，想要讓化妝呈現自然的效

果，首先必須對自身的膚色有正確的了解，接著選擇合適且正確顏色的粉底，才能顯示出最佳的皮膚質感。

為了使彩妝能表現出最好的效果，在上底妝時就不可以輕忽。在選用粉底時必須使用適合自己膚色的製品，千萬不可以為了表現出白皙的效果，使用太過白的粉底，這樣只會讓你看起來像個日本藝妓般的恐怖、不自然。

以東方人而言，「肌膚白皙」仍廣受歡迎。不過自然健康的白皙，和化妝後產生的白皙大不相同。不管在現在或以前的社會中，膚色「白裡透紅」似乎是漂亮的首要條件。然而，在人種、性別、氣候、年齡等因素的影響下，有人擁有宛如水蜜桃般的肌膚，有人擁有健康的小麥色肌膚，其實只要健康，什麼樣的膚色都是很好看的。

正確的作法應選用和原膚色相容且相近的產品，在塗抹時也不可以貪心，愈塗愈厚，否則皮膚除了會因為乾燥，而讓你的小細紋通通一覽無遺外，最令人不忍卒睹的是：因為粉底太厚，所以一有任何的表情就「龜裂」！

徹底卸妝，避免素肌透露出年齡的祕密

化妝能美化外貌、保護肌膚，但如果長期大量錯誤的化妝，反而會對肌膚造成傷害。其實以現在的化妝品科技，如果不是摻雜劣質成份的彩妝產品，一般「化妝」對皮膚的影響並不大；會有「化妝後膚質變壞」之說，是因為妝上得太濃、太厚，長時間累積下來造成皮膚缺氧、蠟黃。但影響皮膚最大的是妝卸得不夠徹底，導致角質增生、毛孔阻塞，或殘留在毛孔的化妝品，經日曬照射後產生黑斑（色素沉澱）或紅疹等過敏現象。所以，正確化妝對皮膚是保護，錯誤化妝對皮膚就是負擔了。

誰都不願靠著一張「彩妝面具」度日，更不願自己卸妝後的素肌透露出年齡的祕密。經過化妝後，肌膚又是隔離又是防曬的，在層層包裹之下，導致皮膚呼吸困難，難免影響到肌膚正常的新陳代謝，容易使皮膚產生臘黃、毛孔阻塞、斑點等後遺症。正確使用保養品可延緩老化的發生，再搭配合宜的彩妝，可是展現晶瑩剔透好膚質的不二法門！因此，無論你的彩妝產品強調透氣性有多好、配方有多天然，都不應剝奪肌膚自然呼吸的權利，在不需要它時，快點卸妝、恢復素肌是最基本的肌膚保養原則。

想用濃妝來遮蓋皺紋，結果只會適得其反

常見有人試圖想掩蓋眼尾的魚尾紋、嘴邊的法令紋、額頭的抬頭

紋等，而大量的使用油性粉底（如粉膏、粉底乳、蓋斑膏、BB霜等）和蜜粉，誤以為塗愈多愈美！如果想利用化妝來掩飾皺紋的話，利用打厚底通常會失敗，而且可能使皺紋看起來比原來深一些。這是很簡單的道理，但好像很多美女們不明白。

有皺紋該怎麼辦呢？重點就在於平日應進行適度的按摩，再多一點養份及保濕度、滋潤度的補充，不要等到無可挽救時，才拚命使用錯誤的方法來遮掩。

在化妝前要塗上適量的面霜或乳液，再擦上一層與肌膚色調相同的粉底露；太白、太厚的底妝，會使得化妝不自然，蜜粉類的化妝品也盡量不要再使用。循序漸進的保養、化妝，才可使肌膚得到最好的調理，這才是擁有健康肌膚的王道。

以「按壓」的方式打粉底，可提高附著力避免脫妝

在臉頰等油脂分泌較少的部位，可多上一點滋潤型的底妝（如粉底乳、粉底霜），但少上一點粉狀底妝（如蜜粉、粉餅）；而T字區由於汗水及油脂分泌較多，容易脫妝，建議薄施一層即可。

粉底在均勻塗抹過後，以「按壓」的方式打粉底，可以提高附著力，避免脫妝，使底妝更完美持久。

善用粉底顏色，創造不一樣的彩妝效果

如果懂得以粉餅顏色的落差，表現不同的肌膚特質，會使化妝的效果提高。其變化的關係如下：

1.使用比膚色白的粉餅，上了妝的膚色感覺會顯得較黯。

2.使用比膚色黑的粉餅，上了妝的膚色感覺會顯得較亮。

3.使用和膚色相仿的粉餅是上底妝的最佳技巧，可使得膚色更加自然、明亮。

而選用正確的粉底顏色，也有加強底妝的效果：

1.**膚色粉底**：東方人的膚色普遍較為偏黃，適合使用自然的膚色粉底，可以增加皮膚的透明感。

2.**粉紅色粉底**：膚色較白的人可以用粉紅色的粉底，使皮膚看起來健康紅潤。

3.**紫色粉底**：適合偏黃、暗沉肌膚或黑眼圈的人，可加強透明度。

4.綠色粉底：適合肌膚色溫較高（膚色較偏紅的人），可以增加白皙感，並遮住青春痘留下的小疤痕、斑點等。

5.藍色粉底：藍色粉底的修飾作用類似綠色粉底，但藍色粉底的修飾效果更好。

6.白色粉底：白色粉底具有膨脹、亮麗、昇高的視覺效果，可以讓臉部看起來更立體、五官線條更突顯，讓臉部看起來更豐潤。

彩妝上不宜再擦菁華液，避免灰塵等污物「偷渡」

現在許多人上班都待在中央空調系統的辦公室裡，雖然舒服，不會汗流浹背，但是肌膚會被奪取大量的水份而變得很乾燥。那畫好的妝上可以直接再補充菁華液、保濕液或是化妝水嗎？在補妝時，是否也可以不卸妝、將化妝水或菁華液直接塗抹在彩妝上？

其實嚴格說來也不是不可以，只是菁華液類的產品多含有保濕成份，或較高單位的滋潤成份，黏稠度較高，如果我們將它直接抹在彩妝上，可能會使得整個妝都變得不均勻、脫妝，若產品有高滲透的特性，更不可以直接塗抹在彩妝上，以免彩妝或灰塵等污物「藉機偷渡」，跟著滲透入皮膚中。

美女悄悄話

冰塊的妙用

化妝前，用數個小冰塊包在毛巾中，定點移動式的按摩皮膚，直到肌膚感覺到清涼、用手觸摸時不再發熱為止。這個簡單的步驟，可以使肌膚緊縮、收斂毛孔、不易出汗，化妝自然就會較為持久。

在青春痘發炎處，用冰涼的毛巾冰敷，可控制紅腫、發炎的現象；油性肌膚也可以透過適當的冰鎮，控制皮脂分泌過旺的現象。

注意生活習慣，避免汗水在彩妝上攪局

汗水不但使彩妝容易脫落，也使肌膚容易產生粗糙、斑、疹等現象。悶熱、飲水過量、攝取鹽分過多、劇烈運動、肥胖、錯誤的化妝品使用等，都是容易使汗水分泌過量的原因。

在日常生活的習慣上，必須注意減少鹽份的攝取量、增加蔬果在三餐中的份量，並且不使用透氣性不佳的保養品、化妝品等。在沐浴時，浸泡熱水可促進排汗，使得多餘的鹽分可以隨汗液排除。

讓肌膚「喝飽飽」，滋潤水亮自然呈現

肌膚乾燥的人，表皮除了缺乏水份外，亦缺乏油份。皮膚的水份和油份分布不均時，有底妝「推不開」的困擾。該如何補救？其關鍵在

於：肌膚滋潤度的補充。首先，要在肌膚拍上足量的化妝水。如何才算「足量」呢？就是一層一層的補充、拍打，一直塗到表皮的水份「飽和」了為止。如何才知道表皮的水份「飽和」了呢？就是塗到化妝水再也拍不進皮膚了為止。

很多人的保養像是在使用安慰劑——有塗就好，所以往往化妝水「有塗」、乳液「也有塗」，但皮膚還是乾燥、脫皮，原來就是皮膚告訴你「吃不飽」，你可要開始補救囉！

接著，塗上適量的乳液，不但可以封住皮膚水份的流失，也會在表皮形成保護膜。充分保養的肌膚，角質吸水膨脹，並保持一定的水份和油分，使皮膚柔軟光滑、不再乾燥粗裂，上妝時不會乾得推不動，上妝後也不會產生明顯的小細紋了！

女性化妝包必不可少的配備：口紅

根據許多女性雜誌的調查結果發現，在所有的化妝品中，包括了粉餅、粉底、眉筆、眼影等，女性擁有口紅的比率最高。絕大部份的女性至少都擁有一支或一盤（3－6色或以上、外出型）以上的口

紅；在外出時，口紅更是少不了的配備，以便隨時「修補」。而在初次嘗試使用色彩化妝品時，大部份的女性也都會先選擇口紅。回想你在進入彩妝世界的過程，口紅是否也是「開路先鋒」呢？

在我們的五官中，唯有嘴唇沒有角質層的保護，因此也就可以清楚的看到微血管的顏色，也就是紅潤的雙唇。當我們貧血、發冷、受到驚嚇或重大刺激時，微血管便會收縮，嘴唇由於缺血或缺氧的關係，就會轉呈為紫色，因此與身體的狀況息息相關。在中國傳統醫學中，亦有嘴唇色可反映出身體病變的說法。

唇部同時也沒有汗腺脂腺，可隨時提供表面滋潤及保護，於是便容易產生乾燥，而口紅含有豐富的油脂及臘的成份，能提供良好的滋潤效果，防止水份蒸發，使嘴唇不那麼容易就乾燥、皸裂。現在有很多化妝品公司在口紅中添加了微脂囊、玻尿酸、膠原蛋白、荷荷葩油、維他命E油等保濕滋潤的成份，使得口紅除了潤色之外，也多了保護的功效。

當我們在挑選口紅時，也要記得配合服裝、膚色、唇的原色、場合、臉部其他彩妝的化妝色系，以免產生不協調、突兀的感覺。

外出時，不忘選用有防曬、保濕成份的護唇膏

在日曬強烈的初春到夏季，護唇膏讓原本不平滑的唇變得光滑平整，於是就喪失對紫外線的抵抗，造成唇部曬傷。因此含有防曬、保濕成份的護唇膏，對嘴唇的防護效果，會比一般單純只有「護唇」效果的

護唇膏優越。但如果是單純在夜間或室內的保養，使用一般護唇膏即可達到滋潤保護的效果。

濃妝豔抹妨礙皮膚呼吸，肌膚傷很大

皮膚和肺部一樣，都具有呼吸的機能。若將含有礦物油或化學成份的化妝品擦在皮膚表面上，會妨礙皮膚呼吸的通暢，並對皮膚的健康造成威脅。而過度使用彩妝品，會削弱皮膚對外在刺激的抵抗力；若卸妝不徹底，更有可能產生難以去除的斑點，許多女性心一急，用更濃、更厚的化妝掩飾這些瑕疵，結果使肌膚所受的傷害更大，而且「欲蓋彌彰」的結果變成惡性循環：化妝產生斑點→畫濃妝掩飾→產生更嚴重的斑點→畫更濃的妝掩飾……。

要脫離這種情況，唯一的辦法是立即改掉濃妝豔抹的習慣，開始正常且正確的基礎保養工作，讓皮膚重新調整自身功能，恢復自然健康的狀態。話雖如此，但最困難的是「立即改變」的決心，你如何要一個慣於躲藏在濃妝豔抹之下才有「安全感」的人，馬上摘除面具，以「真面目」示人？不過，為了你的肌膚健康，再難，還是要改掉這

個壞習慣。

還有，化妝用的工具，如粉撲、化妝刷等，要常清洗、保持乾淨，以免成為培養細菌的溫床。有些人對化妝品過敏，怎樣都找不出原因，結果才發現：原來是因為化妝刷已經「發霉」，所以，不論產品怎麼更換都還是過敏！

防脫妝秘訣：在T字區拍打化妝水

由於皮膚會分泌油脂與汗水，彩妝過了一段時間會脫妝。許多人為了防止這種大花臉的現象，總會增加粉底的厚度，這樣的處理方法是不恰當的。

其實防止脫妝的關鍵，在於我們在易脫妝的T字區部位，特別用收斂性的化妝水充分潤濕、拍打、按壓，這樣臉上各部位皮膚的分泌情況與代謝就會較均衡了。

拍打化妝水的方式，是將沾滿化妝水的化妝棉捲在中指上，由下往上、圓形狀、滾動、拍打；而力道強弱的控制，在有骨骼處稍強、沒有骨骼處稍弱即可。

一雙美「眉」，讓你的五官美感瞬間升級

擁有一對和眼睛的形狀相襯的眉毛，能夠使五官更為協調。美女們，看看「媚」字怎麼寫啊？就是「女」和「眉」。很多美女會用畫眉

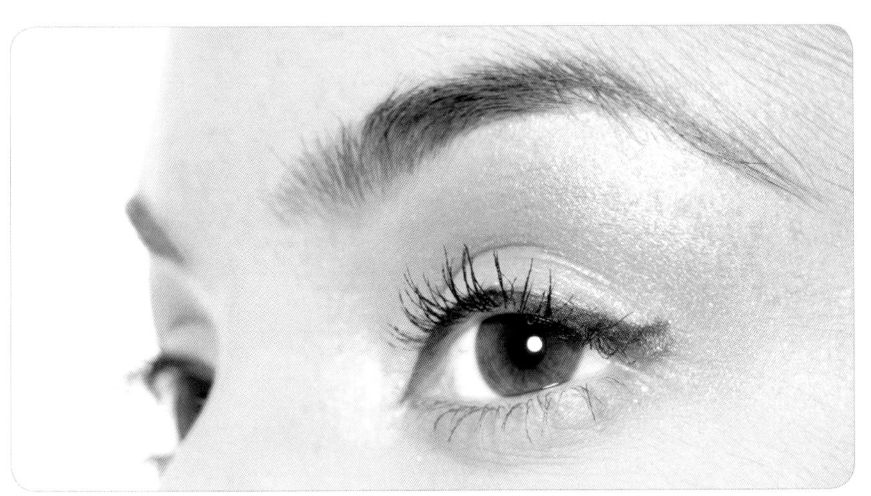

來改善眉毛的形狀，甚至於修掉重新畫，或者是紋在皮膚上，希望由它來襯托雙眼，讓眼睛更有神。

畫眉的工具有眉筆、眉粉等，而材料大多是由「碳」製成的，由於附著在眉毛上的碳粒，會吸取眉毛周圍的皮脂和水份（這是因為碳有吸油除濕的功能），眉毛本身和它周圍的皮膚就會變得乾燥。

原本是保護皮膚的皮脂，若被碳吸附了，眉毛就會變得脆弱而易於脫落，皮膚也會受到傷害。受傷後的眉毛，再生力會較弱，眉毛變得稀疏是在所難免。而市面上有使眉毛變濃的含激素生眉劑，主要成份是激素，雖有些許效果，但不如用刮痧來促進血液循環來得有效。

擁有一對能夠突顯眼睛美感的眉毛是非常重要的，因此，美女們在年輕眉毛茂密的時候要多加珍惜，不要因為懶得修剪，而乾脆將它全部剃除後用紋的或是用畫的，否則一輩子都要靠畫眉才能見人！

第三篇

惱人的肌膚問題怎麼辦？

- 青春痘、粉刺
- 黑斑
- 過敏性肌膚
- 老化

一、青春痘、粉刺

為什麼過了「青春期」才長「青春痘」？

有些女性在最容易長青春痘的「青春時代」，皮膚還算OK，但是年紀漸長之後，卻開始長青春痘？

理論上，只要超過了25歲，一般人長青春痘的機率應該會大幅下降，但是有些熟女卻「反其道而行」，在皮膚的同一個區塊，一直反覆出現一些從深部發炎的情況（美容上常歸類為內因性的「體內青春痘」），這些就是比較棘手的遲發性青春痘，這種由於受到內分泌及遺傳因素影響的青春痘，如果沒有適當的治療，可是要到更年期才會減緩哦！

壓力太大、作息不規律、生活步調快、飲食不均衡等，都會影響體內的平衡，使得身體的抵抗力降低。而長時間的濃妝豔抹、使用不當的化妝品或保養品、卸妝不夠徹底等，也是形成這種青春痘的主因。

而各種導致「熟女痘」的因素，尤以壓力的影響為最！身體處在壓力的環境之下，或是熬夜、勞累時，腎上腺會開始分泌出對抗壓力的「皮脂酮」，由於它對身體的作用類似雄性激素，也會影響皮脂的分泌與代謝。就是因為這些內分泌的波動，造成青春痘老是春風吹又生。但

「波動」並不是「失調」，只是皮膚對雄性激素較為敏感，這是跟遺傳有關的「體質因素」。

另外，影響荷爾蒙分泌的避孕藥也是主要原因之一。這類成年後才長出來的青春痘，難以痊癒的主要原因，在於它們通常與荷爾蒙有密切關係。男性荷爾蒙會促進毛囊皮脂腺的活性，使皮脂腺分泌增多、毛孔角質容易產生栓塞。所以通常男性的膚質較為粗糙油膩，也較女性容易長青春痘，就是男性荷爾蒙的作用所引起；女性因為雌激素的保護，所以皮膚較男性光滑細緻，毛孔也不那麼「粒粒分明」。但是在女性生理期造訪的前一週，也就是黃體期，卵巢會分泌出黃體激素及雄性激素，美女們的皮膚會變得角質粗厚、油脂分泌增多，皮膚變得較不穩定，並容易產生面皰、粉刺現象。

瞭解青春痘的成因，並依嚴重程度不同給予藥物或是不同的保養，才能達到最好的改善效果。醫學上常用口服維他命A

酸、雌性荷爾蒙治療，均可以有效抑制皮脂腺分泌、收縮毛孔、細緻皮膚。但是A酸有導致胎兒畸形、影響血脂及肝功能的副作用；雌性荷爾蒙長期使用，也有導致婦科問題的可能性，所以在治療上必須與醫師充分溝通，評估治療的利弊得失，美女們也應該對藥物有所了解，並儘量使用外在的保養來輔助，就可以減少藥物的使用及副作用的產生。

這些青春遲來的熟女們，在保養方面，誠如眾所周知的，須加強皮膚的清潔、去除過多的油脂、防止皮膚的感染。情緒上放鬆一點，並注意充足的休息、優質的睡眠、保持穩定的情緒和正面思考，可以讓皮膚在生理期間受到的影響降到最低。生理期期間，要藉機「養身」調理，用心的程度應不遜於「坐月子」，可多補充大豆、海帶、山藥類製品（含生物黃酮，可增加雌激素）、維他命B_2、B_6（安定皮脂腺），可以減少荷爾蒙波動對皮膚的影響。

受女性賀爾蒙的影響，生理期前一到二個星期的「黃體期」，黑色素活躍，要避免日曬，並注意防曬，以免長出黑斑。因為生理期前皮膚的敏感性提高，可能會連原本適用的保養品都變得不適用，更別說是適應新產品，所以不要在生理期期間換用新的保養品，也應避免使用洗淨力太強的洗面乳及過度去角質或按摩皮膚，以免太過刺激；而具有功能性的產品，如果酸、左旋C類保養品也應該減量或是暫停使用。

肌膚在洗淨後，要記得立即補充化妝水，以清爽的乳液來維持皮膚的滋潤狀態。化妝若能避免則盡量避免，卸妝也一定要徹底，以預防毛孔阻塞、產生青春痘和發炎。如此，將可降低「熟女痘」的氾濫程度。

如何正確處理青春痘？

1.切勿用手或青春棒自行挑擠，你沒有醫師或美容師來得專業！

2.確實做好臉部清潔工作固然重要，但別因過度控油或洗臉過度頻繁，使肌膚出現缺水現象。

3.除痘產品在晚間使用效果最佳，因為可免除紫外線對產品的化學反應及破壞。

甜食、脂肪吃太多，助長青春痘

皮脂腺分泌的脂肪有兩個來源：

1.由血液中的脂質產生，通常由未消耗完的糖分轉化成的脂肪。

2.從食物中攝取的脂肪，通過血液直接轉化成。

而青春痘產生的原因，通常是透過「血液轉化過來的脂肪」為多，所以才說甜點、巧克力吃得過多，也是長青春痘的一大原因。

從冒痘子的頻率和位置了解健康訊息

你的痘痘發生機率高嗎？

1.經常「滿臉痘花」：你應該先檢視自己的作息是否長時間失序？此外，要多運動、少吃刺激性食物、保持充足的睡眠。徹底做好清潔

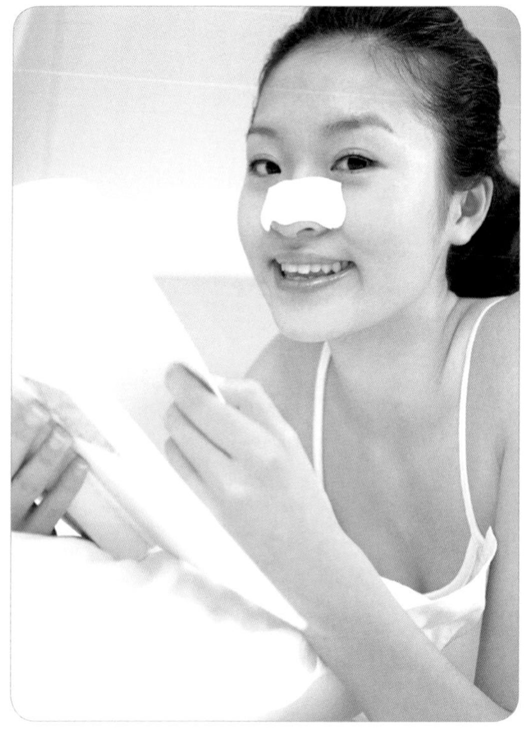

保養的基礎工作，並要注意是否使用到不適合的保養品及化妝品，避免使用功能過多的保養品。如果狀況沒有改善，就應該就醫，找出問題所在，才能徹底解決青春痘問題。

2.偶爾才冒出幾顆：可能因某段期間的作息、飲食或生理變化造成，應有所調整、選擇清淡的食物、清潔工作徹底、適當的去角質、勿進行過於刺激肌膚的保養方式，即可有所改善。

如果你已經掌握正確洗臉與保養的方法、試過各種保養品，也求助過無數的醫師與秘方，卻依舊毫無明顯的效果，那麼可能是體內的健康出現提醒你的訊號囉！

每個人的體質皆不相同、痘痘的成因更是複雜，上述資料也僅供參考之用，要了解痘痘最根本的原因還是要「與自己的身體對話」，解鈴還需繫鈴人，不要只是一昧相信外來的東西和資訊，要和自己多溝

通。痘痘只是身體要告訴你：你身體的某一個環節失衡了！

油水平衡改善皮膚泌油量，青春痘掰掰

大多數的出油現象，其實都是肌膚「油水不平衡」所衍生出來的問題，幾乎都和「缺水」脫離不了關係，因為肌膚底層缺水，為修護並維持表皮的滋潤，因而自動拚命分泌油脂來保護肌膚，也就是皮膚啟動了自我保護機制，所以在油光滿面的同時，可能還會伴隨局部的脫皮狀況。所以，皮膚遇到出油的問題不要只重視「控油」及「去油」，更要做好保濕才行。油水平衡了，皮膚泌油量自然會改善。

小粉刺保養不得法，將導致更難處理的衍生問題

油性皮膚的人，新陳代謝速度旺盛、容易出油，並長出像鉛筆心般、黑點狀的粉刺，在鼻尖、兩頰、下顎等處，如果用力把它擠出來，外表看不出，但皮膚內部組織已造成損傷，癒後容易形成疤痕或坑洞。雖是不嚴重的「粉刺」，但如果保養不得法，將會導致更難處理的衍生問題。

平常保養時，要特別注意臉部深層清潔、按摩、敷面；飲食方面也要注意，不可過於燥熱、油膩、刺激；保養品的選擇方面，不要再使用滋養、油膩的製品。正確的「內」、「外」保養，待內分泌漸漸平衡之後，皮膚的狀況自然會有所改善。

二、黑斑

眾美女剛出生時的皮膚，應該都是連顆痣也沒有、宛如珍珠般的完美無瑕吧？可是隨著慢慢的成長，臉上卻多出了一些斑斑點點，為什麼？

當黑色素過度分泌，斑斑點點就跟著出現

黑斑產生的原因有很多種，包括病態的色素沈澱，如受到外來刺激的炎症後留下的色素沈澱，如擦傷、割傷、痘疤等；先天性、遺傳性的色素沈澱；疾病時出現部分症狀所引起的色素沈澱，如內分泌異常、肝、腎疾病、藥劑的副作用等；另外，不當的陽光曝曬、女性荷爾蒙的影響、精神壓力、懷孕等，都是斑斑點點產生的原因。

皮膚的顏色，主要是由黑色素細胞製造黑色素（Melanin，譯：麥拉寧）量的多寡來決定。黑色素細胞會受到酪胺酸酶的活動影響，而產生大量的黑色素，酪胺酸酶是一種普遍存在於體內的酵素，由酪胺酸分解而成，是形成黑色素的主要活化劑，紫外線是促使酪胺酸酶轉化成黑色素的主要因子，而這就是皮膚曬黑、各種斑形成的主要因素。

當紫外線照射到皮膚時，黑色素細胞會分泌黑色素做為保護皮膚

之用，且可以防止皮膚曬傷或曬黑。但是當黑色素過度分泌、又沒有被完全代謝時，皮膚便會產生色素沈澱的問題。

總括黑斑形成的原因歸納如下：

1.過度曝曬陽光：年輕的肌膚因新陳代謝功能較佳，在曬黑後會慢慢恢復到原來的膚色，但多少仍會在表皮殘留一些肉眼不易觀察出來的黑色素，經由日積月累或是其他因素的加乘作用，很容易就成為黑斑和曬斑的來源。

2.內臟機能：肝臟、卵巢機能不好，或身體抵抗力較弱時，就會產生黑斑，這種情況特別容易發生在中年以後的熟女們。

3.精神狀況：皮膚色素細胞受到情緒影響，如果感覺心情較鬱悶時，黑斑就很容易悄悄的浮現出來。

4.懷孕期間：懷孕時因為內分泌改變，容易形成妊娠斑。這種斑通常在分娩後，慢慢就會自然消失。

掃除黑斑，「治標」也要「治本」

1.防曬：預防紫外線刺激酪胺酸酶而產生黑色素。

2.美白：以各種美白等成份，將已在皮膚表面形成的黑斑、曬斑淡化。

3.代謝：對於形成已久、並深入基底層的斑，則須藉儀器、產品等，將其分解並代謝掉。

黑色素「細胞量」的多寡，在出生時就已經決定，斑點的形成有

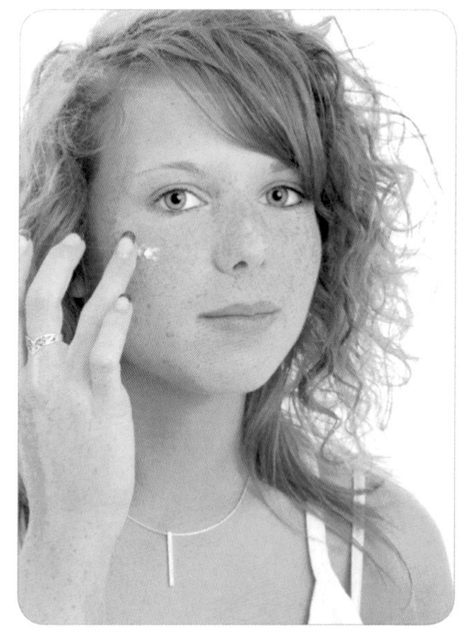

些當然是先天因素，如西方人臉上的雀斑，但大多數是後天形成。雖然我們這麼排斥斑點及變黑，但其實黑色素對皮膚的保護作用，實在是遠遠超過我們的想像，只是當你給皮膚過多的負擔與破壞、體內內分泌系統出現問題，或是在情緒、壓力等其他因素的影響下，黑色素才會出現來「保護」你。

黑斑最常出現在雙頰和額頭，呈塊狀、或左右對稱的褐色色塊，因為顏色和肝臟表面的顏色接近，就是俗稱的「豬肝紅」色，所以稱之為「肝斑」。在西醫的論點上，肝斑和肝功能並沒有關係，但中醫的看法則是，斑點和肝的能量有很大的相關性。無論是中醫或西醫，如果你能夠解讀「黑斑」要告訴你的訊息，就不會再浪費太多的時間和金錢，只重「治標」而忘了「其本」為何了！

安全有效的美白聖品：維他命C和熊果素

美白產品分為「預防」型及「修護」型兩種。含有熊果素成分的美白產品，可以從根源阻斷黑色素的形成，屬於「預防」型美白；而

黑色肌膚（小麥色肌膚）較健康、不易長斑？

黑色的皮膚是黑色素活躍所致，能預防肌膚吸收有害的紫外線。黑色肌膚的黑色素分泌很活躍，對紫外線的防禦能力較佳，理當是屬於比較健康的膚質沒錯，但缺點是比白皙的皮膚更容易曬黑和產生斑點，只是因為皮膚的對比不若白皙皮膚，黑色肌膚和斑點的落差不那麼大，所以看起來比較不明顯。相對而言，較為白皙的皮膚，只要產生一點點的斑，就會很清楚的看出來。錯誤的按摩、敷面、紫外線等，都是斑點的來源，對於任何膚色都一樣。

維他命C則是從基底層作用，使被紫外線損壞的彈力纖維能繼續正常運作，並行氧化還原作用，屬於「修護」型保養。不管是何種保養品，使用的「時機」也是很重要的考慮點，白天可以用預防性美白產品，如防曬隔離，夜晚用修護型美白產品，如淡化代謝，可使美白效果加倍！

維他命C是最早被美容、醫學界認同的有效成分，安全且沒有副作用。但維他命C怕熱及光，非常不穩定，不容易保存，一般保養品多以維他命C衍生物來達到美白效果。

熊果素則是繼維他命C之後，在日本首先被認定是具有美白功效的成分，其他還有麴酸、桑椹、桑白皮萃取精華等，都是具有美白功效的成分，被添加在各式各樣的美白保養品中。

而美白產品哪種最有效？各種化妝品的成分、濃度、穩定性、訴求皆不同，美麗智慧兼具的眾美女們要睜大眼睛做選擇哦！

三、過敏性肌膚

使用太多種類的保養品易引發敏感性肌膚

一般人常說的「敏感肌膚」，事實上是指：使用保養品後，容易引起過敏的「過敏性皮膚」，絕大多數不是因為疏於保養引起，反而是過度使用太多種類的化妝品、保養品，皮膚負荷不了所引起的刺激性皮膚炎，也就是「敏感性皮膚炎」。

真正過敏性的皮膚需永久避免使用導致過敏的產品，而敏感性的皮膚則可藉由使用低刺激性的產品來逐漸適應。

過敏性肌膚容易產生搔癢，在不當的處理，如用指甲抓，會產生紅腫及斑點、疤痕，這時美女應該要怎麼辦呢？

1.清潔勿過度：徹底做好清潔工作，避免使用酸鹼性過高的清潔用品，以免過度刺激及去油而失去保護。

2.保養品避免混搭：盡量使用同一品牌的過敏性肌膚專用保養品，避免混搭，也盡量勿使用含有香料及酒精成分的保養品。且同一個皮膚區塊不要同時使用太多種不同功能的保養品，比如同時塗抹抗敏、保濕、美白的精華液，除了很難被皮膚接受外，刺激性太大、產品產生交互的化學作用等，也是造成過敏的主因，而且造成過敏時，會很難找出

兇手。

3.避免化妝：化妝刷、海綿等化妝工具，除了長期使用容易藏污納垢外，本來就會對皮膚造成某一程度的刺激性，再加上如果沒有徹底清潔卸妝，容易造成皮膚腺體阻塞，形成肌膚的負擔。有些美女試圖以遮瑕膏掩飾過敏區塊，反倒使過敏情況更嚴重，而最好的修復情況是「素顏」。

4.飲食均衡：均衡攝取各種營養，但應避免重口味、油炸等刺激性及容易引起過敏的食物。

5.定期運動：可以促進新陳代謝及循環，使體內的廢物順利排除，是肌膚美麗的基礎！

使肌膚過敏的產品，不適用於身體其他部位

我們每天所使用的基礎保養品，應該在使用前作過敏性試驗。如果有紅、腫、痛、癢等反應時，不管是價位多高的保養品，也不能再使用，如果當中有使你過敏的成份存在，強行使用會造成嚴重的後果。

既然臉部不接受該產品，塗在身體其他部位亦有可能產生過敏反應。所以，與其日後花大錢修補肌膚，不如就狠下心來，馬上捨棄吧！

找出過敏原因、適當使用保養品，可減少用藥

有些人誤以為「只要是天然的植物絕對不會引起過敏」，其實道

理就如同牛奶、花粉、杏仁一樣，雖然它們都是天然的食品，但有人一喝牛奶就會拉肚子，遇到花粉、杏仁就會過敏。因此，應該抱持健康、正確的心態使用天然植物保養品。許多皮膚的問題，除了請醫師使用藥物治療，保養品亦須使用適當，以達到事半功倍的效果。如此，可以減少口服及外用藥物的使用量，亦可以避免皮膚問題再度復發。例如異位性皮膚炎、乾燥性皮膚炎、敏感性皮膚的患者，若是使用溫和的清潔用品以及無色素、無香精的保濕產品，將會緩和肌膚的症狀。

敏感性肌膚專用的保養品比較天然？

隨著綠色消費意識的抬頭，近年來標榜「無香精」的彩妝品、保養品，逐漸成為市場的主流，消費者大多認為不含香精的產品，品質應該比較好（至少有毒物質比較少），比起一般的產品更適合敏感性肌膚使用。

事實上，一般產品和無香精產品最大的區別在於：無香精產品添加的香味物質比例較少，一般產品添加比較多的香精，如果完全無添加，那你可要受得了「原味」保養品，否則就是廠商得挑選不同於一般成份的特殊配方。

保養品添加香味物質，主要可分為兩大目的：

1.掩蓋產品基本組成的化學味道：如TWEEN#20、80等界面活性劑，均有不佳的氣味，需要添加一點香味物質來掩飾。

2.強化品牌形象：首先是加深消費者對該產品的印象，例如某些保

養品一聞就知道是什麼品牌，塗抹後感覺像是擦過香水；再者是舒適度，常見於精油能量保養品，有放鬆情緒、舒緩壓力的功效；還有是整體感，例如有些品牌香水和保養品系列的香味一致；不過也有些「以假亂真」的保養品味道，例如有小黃瓜的味道不見得就有小黃瓜的成份哦。

無香精產品則只有添加掩蓋產品原有化學味道的香味物質。但是對消費者而言，因為無香精產品聞起來「感覺沒有香味」，所以便誤認為這類產品不含香料。

那消費者要如何判別呢？一方面可以在產品成份表中看出端倪，凡是在成份表中列出「fragrance」或「flavor」等字樣者，表示產品製造過程中還是添加了香味物質。如果產品包裝標示上特別註明「fragrance-free」或「without perfume」，就代表沒有添加任何香料了。

容易發紅、發癢的敏感性肌膚，肌膚的保水力較弱，皮脂膜無法有效發揮原有的保護作用，因此只要受到外界的刺激，很容易就會產生紅、腫、熱、痛、癢等敏感症狀，所以保養品最好選擇敏感性肌膚專用，避開具有較高刺激性的成份，如：左旋C、果酸類等，或是劑型較為濃稠、添加較多香料與防腐劑的保養品。

在選購產品時，要仔細看產品成份，或是諮詢專業人員，才能挑選到不會讓皮膚容易產生過敏現象的產品。但是，敏感膚質的消費者在選購保養品時，應該要注意自己是對何種成份過敏，而不是只在意產品是否有香味。

四、老化

年齡老化 VS 心靈老化

由於擁有青春容顏看起來是那麼的好，所以人類莫不用盡辦法留住它。但是生命是一條向前延伸的直線，它無法變慢、也無法停止，更無法讓美女們隨心所欲的置換，所以當美女們發現第一條皺紋、第一根白髮時，那種內心的震驚不言可喻。

既知歲月的累積是無可改變的事實，那要維持青春容顏，我們能做什麼呢？除了繁雜的保養產品、保養手續、醫美療程之外，建議美女們一定要試著增加生命的「深度」，可以立即停止心靈的老化。如果你「醒」了，更可能會再「重新出生」，再度變成一個小孩子。這時的你也許有皺紋、有白髮，但卻是溫柔慈祥的皺紋、充滿智慧的白髮。

以現在進步的醫美技術和無懈可擊的化妝術，要有多年輕就可以有多年輕，去除皺紋哪有什麼困難？肌膚鬆弛下垂算得了什麼？染髮更是要什麼顏色就有什麼顏色。外表的年輕不再是夢想，但你要的，僅是外表的年輕嗎？

因為自律神經能調節皮膚及血管的狀態，因此大腦中產生情緒的變化，也會立刻在皮膚上表現出來。例如戀愛中的美女，由於沉浸在幸

福洋溢的感覺之中，交感神經會鬆弛，皮下血管的血流暢通，膚色便會較為紅潤，並維持在非常良好的狀態，整個人更加亮麗；相反的，蠟燭兩頭燒的人，由於工作量過大、人我關係互動多，導致經常煩躁、發怒，自律神經容易失調，腦神經、肌肉、血管變得緊繃，皮下血管血流不順，故皮膚大多蒼白、沒有血色，若此時皮脂的分泌減少，加上水份的攝取不足，皮膚就會變得乾燥粗糙。如果這種狀態持續下去，不但會有頭痛、失眠、焦慮、無力感等症狀出現，全身的器官及皮膚也都會逐漸老化。

所以，要活化肌膚，從活化你的心靈開始！

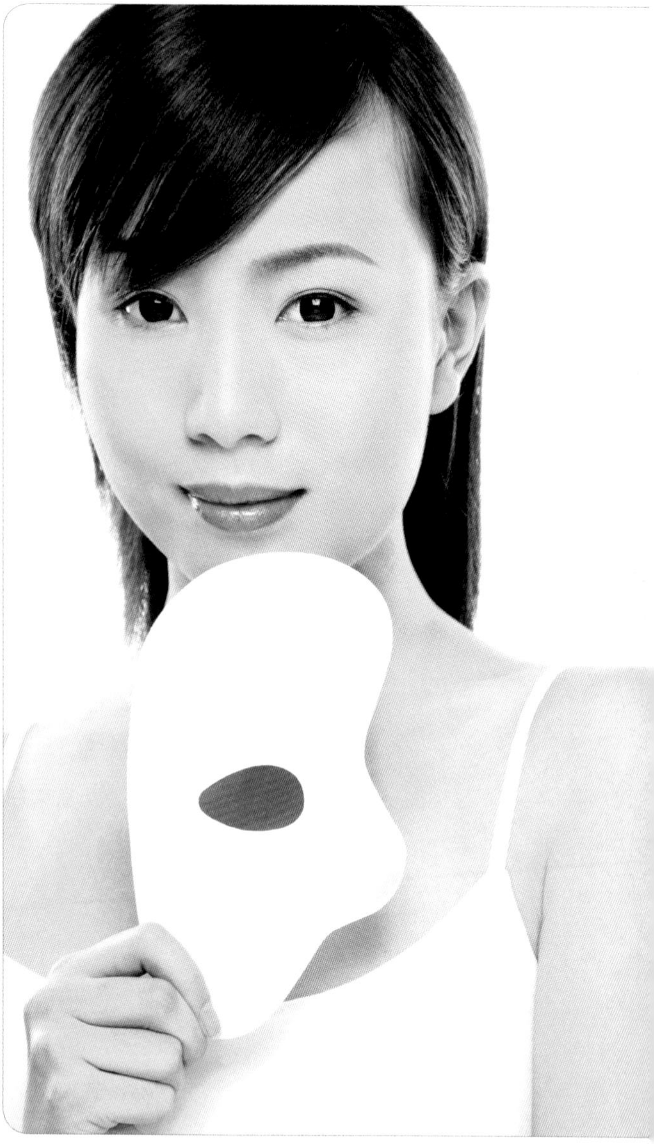

美女悄悄話

關於自律神經

自律神經控管身體各組織器官的功能，如呼吸、血壓、心跳等，並依照各組織器官生理機能的需要自動運作，不必靠我們的意志去留神或調整。自律神經正常時，身體沒有什麼症狀，我們並不知道它的存在。我們很少去注意到自己心跳的次數或去感受它正在跳動的頻率，也很少注意到自己的呼吸速度與深度，但是如果自律神經失調，我們就可能會產生心悸、胸悶、呼吸困難等症狀，當你意識到「自律神經」時，表示它「失調」了！

自律神經在正常情況下不會無故失調，若長期處於壓力、不正常作息的生活模式之下，超越了某種身體所能負荷的臨界點後，就會產生焦慮或憂鬱的症狀，而此時的情緒牽動了自律神經的失調，形成一個惡性循環，很可能就會演變成慢性的自律神經失調，往往需要長期靠藥物控制。所以說，心情放鬆、情緒平穩、保持正向愉悅的心境，是邁向美麗人生的不二法門！

飲食及保養雙管齊下，可延緩肌膚老化

皮膚的老化除了年齡及心理的因素外，外在的刺激也佔了很重要的因素。想要延緩老化，應該注意的飲食及保養如下：

保養方面

1.多按摩：可以活化組織及細胞，增加彈性及光澤、代謝肌膚的廢

物及二氧化碳、增加含氧量。

2.敷臉：可以促使血液循環順暢，並且去除老舊角質、加速新陳代謝。

3.保濕：眼睛、嘴巴周圍等容易產生皺紋的地方，可加強塗抹乳霜及保濕精華，並在塗抹時多按摩。

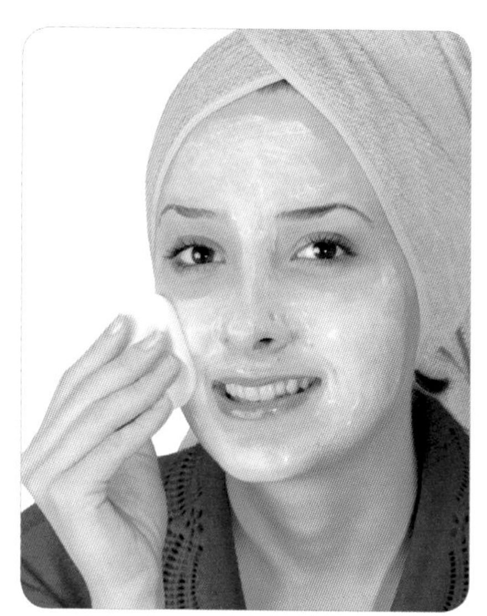

4.防曬：紫外線會刺激表皮層的黑色素細胞、傷害真皮層的彈力纖維和膠原蛋白的生成，唯有隔離紫外線的傷害，才能防止肌膚進一步的老化。

飲食方面

1.食物：多攝取蛋白質（細胞生長的來源）、新鮮蔬果及水分，這樣能夠促進細胞的活化與更新。

2.維他命A：多吃含有維他命A的食物，如菠菜、紅蘿蔔，能幫助皮膚的角化過程順利進行。

熬夜是肌膚老化的無形殺手

相信眾美女們都有過「熬夜」的經驗吧？你有沒有注意過：每當

你熬夜之後的隔天，氣色和臉上的皮膚是如何呢？是光彩依舊、還是既乾燥又黯沈呢？

除非有「特異功能」，否則熬夜過後的素顏，一定會很「驚人」！這是由於熬夜打亂了原本的作息，使得身體沒辦法正常運作，同時必須消耗較多的體力與精神，也會影響到荷爾蒙的分泌，這些因素都會減緩血液循環及代謝的功能，身體會產生讓人體變老的毒素——過氧化物質SOD、皮膚缺氧等，長期下來，會讓美女的抵抗力愈來愈弱，自由基愈來愈多，肌膚失去彈性、膚色黯淡、皺紋和黑斑一一浮現、毛孔為了掙得多一點氧氣也變得愈來愈大，偶爾還伴隨著「熟女痘」的產生。所以，「熬夜」可說是美女的一大殺手哦！

適當的去角質能協助皮膚吸收與代謝

皮膚是由無數的細胞所構成，每個細胞都具有吸收和排泄的功能，會造成皮膚老化的主要原因，是由於毛孔受到死細胞的阻塞，影響新陳代謝所致。

新生的皮膚細胞，由皮膚表皮的基底層分裂，往上移動，到達皮膚表層的角質層後，便會角質化成為死亡的細胞而脫落，這就是它們由生到死的新陳代謝過程，這個過程大約要28天的時間。因此，皮膚表面每天都會產生大量的老舊角質。

如果皮膚得不到適當的保養，功能將隨著年齡增長而衰退，老舊角質附著在皮膚表面不脫落，造成毛孔阻塞，使分泌的油脂不能順暢的

熬夜的注意事項

熬夜也要有技巧，才能讓你不致於愈熬愈老。由於熬夜已經很不健康、透支「未來的體力」，必須熬夜時千萬記住下列原則，把熬夜對身體的傷害降到最低：

1.勿吃宵夜：特別是不要吃泡麵，因為沒有營養又高熱量。儘量以水果、蘇打餅或低熱量、高纖維的食品來取代，一方面可以增加飽足感、延長漫漫長夜帶來的飢餓感，另一方面深夜的代謝較差，過多的熱量難以消耗，將導致肥胖的發生。

2.補充B群：維他命B群能夠解除疲勞，增強人體抗壓力，可避免身心過度疲勞。熬夜前，記得補上一顆維他命B群，而平日也應注意攝取均衡的營養素，畢竟，健康的身體不是臨時抱佛腳可以養成的。

3.最好不要喝咖啡：提神最好以綠茶代替咖啡，一方面提神，另一方面又可以消除體內多餘的自由基，讓人神清氣爽。但是胃腸不好的人最好是喝開水，以免提了神卻傷了胃。

4.保持空氣流通：熬夜時腦的耗氧量比平日大，所以要把窗戶打開。可以讓新鮮的空氣進入，腦袋才不會因為缺氧而昏昏欲睡；此外若是伴著電腦和印表機熬夜的美女，更應保持環境的通風，以免吸入太多廢氣。

5.熬夜前千萬記得先卸妝、洗臉，以免皮膚缺氧情況更嚴重。

6.熬夜之後，要找機會補眠。

由毛孔排出，而積存在毛孔內，形成脂肪球，造成毛孔粗大，並因此而產生粉刺，若再經由細菌感染，就會變成青春痘；而這些死亡的皮膚細胞阻塞毛孔，影響水分和油脂分泌，使皮脂膜無法順利形成以保護和濕潤皮膚，就會造成皮膚的乾燥。

這些沒有脫落的角質層，一層一層的附在皮膚表面，將讓我們的皮膚缺乏透明感，看起來色澤灰暗、沒有活力、乾燥粗糙，若沒有適當處理，接著就會產生皺紋。另外，被阻塞的毛孔也會影響細胞的新陳代謝，使得黑色素細胞無法順利被排除，造成色素沈澱，產生黑斑、雀斑等。所以適當的去角質能協助皮膚的吸收力與代謝功能，也是預防老化的重要常識。

想要掌握青春美麗，護膚不問年齡，就從現在開始

常被問起：何時保養最恰當？12歲會不會太年輕？50歲會不會太遲？其實保養是一種生活習慣，隨時都可以開始，並無時間上的問題。有人會將現在的自己和年輕時比較，而感慨肌膚狀況大不如前。斑點、皺紋愈來愈多，皮膚也變得粗糙、乾澀、缺乏光澤與彈性，唉，真是歲月不饒人！

美女們，如果經過適當的保養、調理，縱使不能恢復往日的容顏，也能讓老化情況煞車，留住青春的尾巴。我看過不少女性，到了四、五十歲之後，總認為自己已經太老了，不需要再化妝打扮，甘於「歐巴桑」的角色。事實上到了這個年紀，家庭和事業已有所成，可以

專心過自己的生活，若能用另外一種心境體驗人生，由於心理影響生理，自然而然外型就會更趨年輕美麗。所以，談護膚保養，只要有開始，永遠不嫌晚。

至於十幾歲的少女，保養首重清潔，可預防粉刺、青春痘的產生，適量的化妝水、凝露對皮膚應已足夠，可為未來美麗的肌膚紮根。因此，自老至少，想要掌握青春美麗，何不立刻行動？千萬不要等皮膚出了問題，或是發現皮膚「未老先衰」時才下猛藥哦！

美女悄悄話

拍打有助恢復肌膚彈性

每次洗完臉後，以手掬起清水輕拍臉部，能鍛鍊肌膚、增加彈性、刺激細胞的吸收、促進微血管血液及淋巴液的流動。沐浴時，使用蓮蓬頭噴灑臉部，可收拍打的異曲同工之效，但其秘訣是在於水溫的控制，與體溫相仿或是略低於體溫的水溫是最理想的。在使用保養品（化妝水、乳液、面霜）時，用拍打的方式可使吸收力提高，更有效率的達到保養的目的。

第四篇

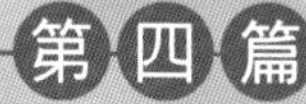

巧笑倩兮，美目盼兮
——談唇部與眼部肌膚保養

- 打造電眼美女
- 看我的性感紅唇

一、打造電眼美女

調整眼周皮膚環境，減少鬆弛、乾燥、浮腫等問題

「眼睛是靈魂之窗」，是的，從眼睛可以解讀和你有關的情緒、身體健康情況、精神狀況等，當一個人情緒不佳或極為疲勞時，眼白通常會充滿血絲，而這也是肝臟異常的預兆。以中醫的觀察來看，肝臟開竅於眼睛，所以從眼睛可以看出肝臟的變化。你看，大多數人在喝酒後眼白會發紅、充血、混濁，這是因為酒精刺激肝臟，使其變得興奮所引起，酒精會囤積在肝臟內，不斷耗損肝臟的排毒功能，久之亦會影響到視力。

眼睛四周的皮膚沒有皮脂腺、汗腺，且非常薄，只有臉上其他部位肌膚的三分之一~五分之一厚度，所以保護功能弱、水份不容易保存，眼部肌膚因而較其他部位乾燥，外界的刺激容易直接到達肌膚內部而形成傷害。

如果把眼睛比喻為「相機」，「眼角膜」就是相機的「鏡頭」，眼瞼和眼淚都是「保護鏡頭」的裝置。眼皮會在我們毫無知覺的情況下眨動，在每次眨眼時，就有眼淚在眼角膜的表面抹上一層薄薄的淚膜來保護「鏡頭」。

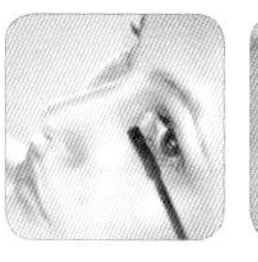

為了保護眼睛免受光線及各種污染的傷害，眼皮每天都要眨動一萬次以上！這種幾乎沒有停歇的運動，使眼皮及周圍的皮膚受到莫大的壓力，眼皮內的膠原蛋白及彈力素，也會因眼皮的不斷眨動而流失，造成眼皮肌肉的鬆弛與下垂，這就是眼睛周圍容易長出皺紋的原因。

由於眼角膜是透明的鏡頭，上面沒有血管，因此，眼角膜是從淚液中獲取營養，如果眼淚所含的營養成分不夠充分，眼角膜就會變得乾燥，透明度就會降低。眼角膜的健康程度一旦降低，眼睛會變得脆弱和易受傷。

眼淚的成分和血液的液體部分很相似，膽固醇和卵磷脂等油性成分附在瞳孔表面，以抑制水分的蒸發。眼瞼是人體最薄的皮膚，因此對於化妝品和保養品的刺激最敏感。對皮膚較差或是過敏性膚質的人來

說，如果不特別注意對化妝品的選擇，眼瞼是最容易發生接觸性皮膚炎的部位。

此外，「肝藏血」，肝臟是人體中儲存血液最多的地方，若運行不順，內則易產生瘀血，外則情緒憂鬱、暴躁不安、易怒、疲勞、頭痛、暈眩、精神不濟、失眠、口乾、口苦、口臭等，若肝臟所鬱結的氣衝向眼睛時，會引起眼部的問題。因此，肝機能弱的人，眼睛通常較一般人容易產生疲勞、視力模糊的現象。想要擁有美麗的雙眸，健康的身體才是根本之道。

過度用眼時，一定要適度讓眼睛休息，禁止眼睛過勞，否則一大堆的眼疾便會找上你。平日塗抹保養品時，花點時間指壓按摩眼睛四周，可以用熱毛巾敷蓋眼部，能有效舒緩眼部肌膚的疲勞，對眼睛視力及眼周肌膚的保養很有幫助。

雖然我們很難改變眼睛周圍的皮膚狀態，但我們可以透過調整皮膚的

環境，幫助減少產生鬆弛、乾燥、浮腫的原因，並加強新陳代謝，可預防老化、敏感等現象。小細紋、皺紋、魚尾紋、眼袋、黑眼圈、眼睛浮腫是眼部肌膚最容易出現的問題，這些問題的產生有時是因缺水或循環不良造成水份積聚，或是常聚精會神盯在電腦前，增加眼部疲勞，使眼部老化，這時，除了靠保養品改善外，生活習慣的配合也是十分重要。

循環改善了，眼袋的問題就會隨之改善

出現眼袋，容易看起來沒有精神，感覺上也較為蒼老，而眼袋的形成原因如下：

1.**先天體質**。

2.**年長肌肉鬆弛**：因為眼部神經疲乏或老化，使得肌肉疲勞，累積脂肪造成眼皮組織鬆弛的現象。可以在眼睛四周細心按摩，促進眼睛四周的血液循環，使皮膚緊實，增加眼下皮膚的彈性，使眼袋恢復平整。

3.**心理問題**：當各種壓力或情緒因素達到一個程度時，會壓抑到脾胃的功能，導致運化不暢形成眼袋。在工作之餘，應儘量放鬆心情，做做運動、聽聽音樂，轉移注意焦點，境隨心轉，別把自己逼太緊。

4.**急性腎炎病患**：上下眼瞼均腫，和一般的眼袋不同，需要接受治療。

5.**生活習慣**：睡前要避免大量喝水，睡眠要充足，平時應避免攝取過多的鹽，因為鹽會導致水份的囤積。

6.**循環不佳**：循環系統運作不規則，也會引起水份囤積，造成眼部

浮腫，這種現象可能發生在任何年齡，但只要循環的問題改善了，眼袋就會隨之改善。

搶救黑眼圈，先冰敷再熱敷

黑眼圈的成因包括：

1.皮膚本身老化、紫外線曝曬過度，或本身微血管功能弱，血液循環差所引起。

2.眼睛過度疲倦，缺乏適當且充足的睡眠及休息。

3.缺乏適當的水份。

4.卸妝不完全。

想要改善黑眼圈問題，必須做到：

1.盡量少喝含咖啡因的飲料，尤其是傍晚後千萬別再喝，以免妨礙正常的休息。

2.適當的保養與休息，勿讓眼睛過勞。

3.充足且高品質的睡眠。

4.外出時擦適當的眼部保養品。

5.不論配戴眼鏡或隱形眼鏡，都要定期測量度數、保護視力。

另外，眼部肌膚非常脆弱敏感，因此，眼妝的徹底清潔很重要。而身體狀況也會影響眼部肌膚，所以調整生活作息，保持充分的睡眠，才能讓身體有足夠的時間可以自我修護；睡覺前喝水的量不可過多，也不可以吃進太多含高鹽份的食物，才不會讓隔天的眼圈浮腫。

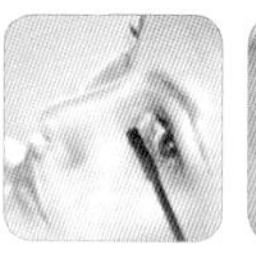

如在熬夜等因素之後，使得黑眼圈變得較為明顯時，可以冰敷雙眼10~15分鐘，先防止血管繼續擴張變得更黑，之後用熱毛巾熱敷雙眼，再輕輕指壓眼部，以增加眼眶周圍淋巴及血液的循環。

儘早進行眼部保養，搶救「假性老化」

眼部皺紋的形成，分為內因和外因：

外因：表皮組織缺水、缺油而致的乾燥、變薄，這種屬於「假性老化」，只要補充適量的保養品就OK了。

內因：真皮層內的網狀層（膠原纖維和彈力纖維交錯構成）支撐力不足。這會造成較深的皺紋，是用保養品「治不好」的真正老化。

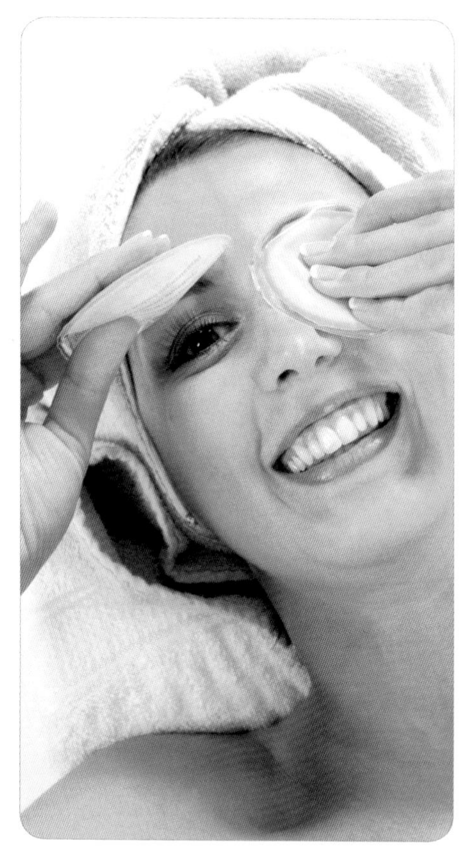

由於眼部皮膚非常的薄，很容易因為疲勞、睡眠不足、精神壓力等原因，造成缺氧、營養及供血不足、血液循環差而產生黑眼圈。所以，在

沒有皺紋、眼袋、黑眼圈之前，就應該進行眼部保養，否則等到症狀產生時再來補強，只能止住而不可能完全恢復過來了。

眼肌保養品能防止老化加速，但不能使症狀完全消失

對於大多數學生及上班族來說，工作和學習都離不開電腦，而且為了讓自己看起來更有精神，眼妝更是跑不掉，這樣過度消耗眼力和不斷的上妝、卸妝，很容易造成眼部肌肉的疲勞，黑眼圈、皺紋就會跟著出現，所以不管幾歲，都該使用眼霜做好眼部肌膚的保養。

眼睛周圍肌膚因缺水產生細紋的「假性老化」現象，可以使用眼霜或眼膠來改善。而眼霜正確的使用方法是：用無名指沾取（因無名指比較沒有力氣，如果用食指或中指恐怕力道會較重），將眼霜以輕點的方式拍在眼睛四周，但不要太靠近眼睛，避免眼霜進入眼睛。然後順著內眼角、上眼皮、眼尾、下眼皮做圓形（環狀）按摩，直到讓眼霜由眼部肌膚完全吸收為止。

使用眼部保養品時，千萬不要因為還沒有看到老化症狀而「跳過去」哦！因為眼部組織的皮膚極薄，而且是互相牽動的環狀匝肌，雖然還沒看到老化的證據，但它可能已經潛藏在內了，所以要公平的對待，不能只塗上眼皮或是下眼皮，更不能只塗眼尾的魚尾紋，要均勻的全眼周邊塗抹。而對已產生的老化現象來說，使用眼部保養品只能防止老化速度加速，並不能使老化症狀完全消失唷！

至於眼部保養品的選擇，以下幾點作為參考：

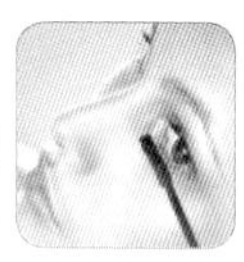

1.眼膠：眼膠的質地清爽，能緊緻眼周肌膚之外，通常還有保濕功能及加強眼部血液循環的效果。如果你的眼部肌膚沒有什麼問題，只是偶爾會因為一點外來因素（比如加班熬夜）而產生的眼袋、浮腫、黑眼圈的困擾，可選擇使用眼膠，它能給眼部需要、卻不至於太滋潤的營養。

2.眼霜：質地豐厚的眼霜，通常用來滋潤有乾燥細紋的眼部肌膚，還會加入修復眼周肌膚彈力纖維、膠原蛋白的功能，能改善眼周細紋及緊緻下垂的眼皮。

3.眼膜：眼膜就是眼部專用的面膜，能夠提供眼部需要的精華配方。視情況每週可以敷1~2次，提高眼部肌肉的緊實度及保水度。有鎮定效果的眼膜，可以幫你改善眼部浮腫、眼袋的「歐巴桑記號」唷！

美女悄悄話

眼膜DIY

1.化妝棉吸滿化妝水/精華液，再裝進小型夾鏈袋中。
2.置於冰箱內，冷藏5分鐘。
3.取出，敷在眼睛上，約15分鐘後取下。
4.閃亮電眼完成！

二、看我的性感紅唇

唇色改變，身體健康的警訊

唇色由於毛細血管較接近黏膜表面，且毛細血管分布很多，故唇色在正常狀態呈現出紅潤的色澤，但在身體產生病變，或因為口紅產生色素沈澱時，唇色會改變。以下列舉出唇色和身體的關係，供美人們自我觀察和了解哦！

1.**正常唇色**：紅潤有光澤。

2.**唇色蒼白**：唇部血液供應量不足，體質虛弱、貧血、或因外傷失血過多者。

3.**上唇蒼白**：僅有上唇蒼白，可能是大腸方面的疾患，通常還伴有腹部脹痛、腹瀉等症狀。

4.**下唇蒼白**：僅有下唇蒼白，可能是胃部方面的疾患，如胃病、胃發冷等病症。上吐下瀉時也有可能產生下唇蒼白的現象。

5.**唇色潮紅**：亦稱「櫻桃紅」現象，若人神智不清或已昏迷時，唇色呈非常不正常的紅色，可能是一氧化碳中毒，必須馬上送醫急救。

6.**唇色藍紫**：血液中含氧量不足時，會產生口唇藍紫色的情況，必須馬上送醫急救。

7.唇色青紫：可能是血管性疾病或血液循環不良。

8.唇色較黑：可能是消化系統疾病。

此外，唇彩卸妝不夠徹底，也會引起唇色的變化，這時就不能用上述的觀察法一概而論了。

唇色和膚色一樣，大都是遺傳的，但是後天的紫外線照射與不正確的卸妝，還是有可能讓唇色變得更深。其中以使用含有汞、鉛的口紅，是促使唇色變黑的最主要原因，因此千萬別使用來路不明、地下工廠製造的口紅，這類產品常常含有大量不合格的重金屬成份，很容易讓黑色素沉澱，使唇色加深，而且吃進肚子裡也不知道是否能被身體代謝掉，請美女們務必小心！

維他命B_2使唇色更水亮

當美女們體內的維他命B_2充足時，嘴唇會濕潤光滑，柔軟有彈性，上唇膏時柔滑易均勻。一旦缺少維他命B_2，嘴唇容易乾燥而脫皮，而且也容易引起細菌感染，例如在左右嘴角產生發炎或潰爛，俗稱口角炎。要保養唇部肌膚，可以多吃一些富含維他命B_2的食物，例如：雞蛋、蛤蜊、秋刀魚、蕃茄（最多）、海苔、黃豆等，讓唇部肌膚自然而然水水亮亮。

素顏我最美

容易忽略的口紅色素沈澱，使嘴唇顏色日益加深

要維持唇色晶亮水潤，須注意以下事項：

1.水份充足。

2.盡量不要用舌頭舔嘴唇，這樣會愈舔愈乾，也不要用牙齒咬嘴唇。

3.護唇膏：在塗有色唇膏前，先塗護唇膏打底，一方面防止嘴唇乾裂破壞彩妝，另一方面可以防止唇膏色素侵蝕嘴唇。白天外出，則可選用具防護紫外線效果的護唇膏。

4.選購天然色素製成的唇膏：天然色素坊間少有，但不是沒有，你可以花多一點心思尋找。天然色素不會沈澱殘留，對嘴唇較無傷害。

5.卸妝要徹底：美女們千萬不要以為口紅已經掉了，而省略了卸妝的動作，你看不到並不代表沒有，就是這些看似沒有的色素沈澱，才使嘴唇顏色日益加深的！

6.不要吃刺激性食物。

第五篇

肌膚用品大解密

- 保養品
- 卸妝用品
- 洗面用品
- 按摩及敷面產品
- 整膚產品
- 隔離及防曬產品
- 彩妝及其他產品

一、保養品

隨著生活水準的提高，資訊的普及，保養品已經由過去奢侈品的形象，漸漸變成現代女性的日常生活「必需品」，為了這塊美麗的大餅，業者莫不卯足全力，在各種通路推出各式各樣的產品。

東西愈多、資訊愈雜，消費者就愈難選擇，疑惑也就愈大了：貴的產品比較好？高級產品和普通產品功效有何差別？醫美產品、專櫃產品、開架商品哪種好？常用的保養品到底有哪些成份？DIY可行嗎？

以下，將以客觀公正的立場，為你解讀這些疑惑，協助你脫離盲目選擇、感性消費、衝動購買的消費習慣！

拒絕劣質/變質保養品破壞你的美

許多美女和保養品的關係是「未蒙其利，先受其害」，也就是還沒享受到保養品帶來的好處，就因為不當使用而引發了過敏或其他負面的皮膚症狀，提醒各路美女們使用保養品時要注意：

1.要詳讀產品的使用說明，並依其指示使用。因為有時類似的品名，在不同的公司有著不同的使用順序和方法。例如，很多美女把遮瑕用的BB霜，當成一般保養品使用，在晚上睡前塗抹，後果當然跟長

期化濃妝、不卸妝就睡覺的「下場」是一樣的！

2.不要用手直接挖取保養品，最好使用挖勺，以免保養品受污染而變質。如果美女們感覺此舉真的很麻煩，還有另外一個變通的辦法：把產品適量裝進旅行專用的外出盒（大約取出你一個禮拜的用量即可），平日就直接用手指頭挖取，如果不是用很誇張的髒手去沾著用，一個禮拜應該還不會變質。用完之後，只要記得將該瓶清洗曬乾、消毒後再裝，應該就沒有問題；但如果你沒有清洗瓶子，就把乾淨的保養品再裝進去，由於先前用手直接沾取造成的污染，保養品恐怕就很容易變質了。再告訴你一個小訣竅，可以用兩個以上的瓶子替換。

3.保養品應挖取適量使用，不夠再取即可，取出太多也不可再放回瓶內，不要捨不得那一點點而導致整瓶報廢。

4.保養品使用後，要馬上把瓶蓋蓋緊，以免氧化變質，尤其是含有活性物質者，如左旋C等，更要記得關緊，嚴防長時間接觸空氣，影響到它的美白還原作用。

5.使用時手要保持乾淨，以免接觸瓶口導致產品變質。很多美女認為只要不直接接觸到瓶內產品，手接觸到瓶口應該「不會怎樣」。其實，微生物能以肉眼看不到的方式孳生，當你的產品（如化妝水、精華液等液狀產品）向下傾倒時，其實內容物是會接觸到瓶口的，這時細菌就會被帶到產品中造成污染與變質。

6.保養品不要放在太陽直射處、浴室、或濕氣較重的地方。太陽的紫外線會使保養品變質，浴室等濕氣重的地方則是霉菌的溫床，保養品恰好供應了一個「營養的環境」來提供霉菌生長。最理想的浴室是有個小窗戶，有陽光、通風條件佳，但通常浴室是沒有這麼理想的，所以連一般的沐浴乳、洗髮精等都容易變質，更何況是保養品！

7.保養品不需要放在冰箱保存，若你一旦放入冰箱，就不能恢復在常溫之中，要一直冰存使用。夏天使用冰涼的化妝水和面膜確實很舒服，也可收

斂和鎮靜肌膚，所以有些美女夏天就把化妝品冰在冰箱；但是冬天一到，再使用冰涼的保養品實在不舒服，所以美女們又把保養品「退冰」，恢復室溫。這樣做保養品可是會變質的哦！為什麼呢？因為保養品在製造時已考慮到溫度的條件，所以一般的室溫是被接受的，你不必放冰箱低溫保存，就能維持它的穩定性。但是一旦將它冰存了，冰箱的冷度就是它的「適溫」，等你拿出來放在「室溫」時，對保養品而言是「升溫」了，當然就很容易壞掉！

8.開封的保養品儘量在六個月內用完。雖然保養品的保存期限通常不止六個月，但是一旦被打開接觸空氣和你的「手指頭」後，不但氧化速度加快，也可能產生了微生物的污染，所以愈快用完愈保險。

9.過期或已變質的產品絕對禁用。有的美女以為只要不出現變質的現象，如分層、變色或變味、有懸浮物等，該產品就可以安心使用，其實這是很危險的想法哦！過了保存期限的產品，縱使肉眼看不出有任何的變化，品質上已經變得很不穩定，如果再強加使用，有可能造成慢性的皮膚症狀，不得不小心！

10.保養品使用後，若有紅腫癢痛等不適的症狀出現，應馬上停止使用，並就診檢查是產品的刺激性或是肌膚的過敏現象。由於保養品是用來讓你更美的，如果產生了這些現象，無論如何，先停用再說，不要抱持著「再用看看」的心態，以免不適症狀擴大。

11.皮膚一旦對某產品過敏，不會因你增加了使用次數而習慣。你千萬別對皮膚的反應「擬人化」——剛開始不熟，多用幾次皮膚熟悉產品就好了。只要真的是「過敏」，狀況並不會因為你多用幾次就有所改善哦！

DIY風潮起，別把自己當成白老鼠

購買或使用保養品，你要注意以下幾點：

1.不要使用無完整原始包裝之產品，尤其不可自行分裝，因為分裝的過程和容器，可能會導致污染。

2.除了部份眼用產品（眼線、睫毛膏）及保養品具有含藥成份須申請核准字號之外，一般化妝品自1995年5月3日起免除字號申請及標示，故多數都不需要字號。但有些廠商推出的「特殊商品」，為了取信消費者，可能冒用、盜用、甚至假造許可證字號。由於現在的化妝品都不需字號，若是畫蛇添足更加可疑！

另外，有時工廠生產的同一種產品，可能因代理商不同，而有不同中文名稱，這種情形也有可能是廠商以合法掩護非法。要多了解，不買來路不明的產品。

3.舉凡防曬、防止黑斑、雀斑、除皺、去頭皮屑、染髮、燙髮、瘦身、除汗臭等產品，都應該有許可字號（廣字號、衛署輸或製字號），但衛生署在審查保養品時，著重於非法添加物或是成份是否超量，完全不針對其效果測試，所以，有字號並不保證功效。

4.要有中文品名、成份、用途、容量/重量、批號/保存期限、輸入

或製造廠之名稱及地址等完整標示。

5.2005年左右掀起的化妝品DIY風潮，鼓勵美女們「自行製作」各式保養品，由於化妝品的製作被拆成各個步驟，成份均以未經精製的「原料」購入，單一成本當然便宜，讓許多小美女們趨之若鶩。但自行製作怎麼可能會有無菌的環境？且製作的成品不可能是只有「幾天」的份量，那製作成100cc的精華液可以使用多久？這些濃度、保存劑、香精、色素等，均未經過精密計算的產品，成了各式肌膚問題的來源，後來經皮膚科醫師的呼籲，狀況才好了些。奉勸各路美女，千萬不要把自己當成白老鼠哦！

適量防腐劑，可延長保養品保鮮期

以無香精、色素、酒精、防腐劑作訴求的保養品，似乎很得人緣，但事實上保養品若不含適量的防腐劑，在開封、接觸空氣後就會開始腐敗、產生細菌，若不知情還持續使用，會導致斑疹、過敏等皮膚問題。所以添加適量防腐劑的保養品，是沒有必要去排斥的。

許多人會先入為主、以偏概全的認為「只要含防腐劑的東西都不好！」，確實有些人的皮膚會對防腐劑過敏，但隨著化妝品科技的進步，化妝品公司在製造保養品時，已明確計算過防腐劑的安全使用期限及含量，不致於會傷害我們的皮膚。但有些不肖廠商，為了延長產品的販賣期限，會加入過量的防腐劑或違禁品，所以購買時要特別避免來路不明的商品。

開封、未開封，保存期限大不同！

你曾在化妝品打折時瘋狂大採購嗎？等到要用時才發現「過期」了，本來要節省，卻變成浪費，好心疼吧？

基礎保養品，如洗面露、化妝水、乳液、面霜、面膜、按摩霜等，雖保存期限標示三到五年不等，但實際上最好在開封三到六個月就用完。霜狀產品盡量不要用手指挖取，請改用挖勺，否則你那貴如黃金鑽石的保養霜一旦被細菌入侵，就會變成腐敗的致敏原哦！

而未開封的保養品是否就不會變質呢？這可要看你保存的方式囉！避免放在高溫、潮濕、日光直射處，是延長化妝品壽命的不二法

門。使用保養品時，若發現分層、變色、變味，雖未拆封，亦可能因為保存不當而變質了。如果你還「要臉」的話，千萬不可以再使用它。若不確定是否變質，可攜帶保養品前往購買處諮詢。

在保養品打折促銷時，千萬要特別注意，若使用期限將屆，不管價錢多划算，最好三思而後行，因為只有新鮮的保養品才能保障使用後的成果哦！

一旦開封，最好在六個月內使用完

如果保養品有分使用的季節，那換季的時候該如何處置它們呢？大部份的人都是將它們保存起來「伺機而用」，或者提心吊膽在夏季使用冬季的保養品，「好貴耶，當然不可以浪費啊！」美女們振振有詞的說。

保養品一旦開封，就不宜久存，最好能在開封後六個月內用完。其實最簡單且最經濟實惠的方法，就是配合肌膚的狀況斟酌用量即可。

夏天皮脂分泌量大，就減少霜類用量，保養品薄施即可；而冬天肌膚乾燥，就增加化妝水及霜類的用量，給肌膚好好塗個夠！

夏季和冬季的保養品差別多在於含油量的多寡，也就是清爽與否。我們可以藉由調整自己的用法來保養，如果真的無法適應，再來調整。而已開封的保養品最好快點用完，以免次年取出要使用時，才發現已經變質就太可惜啦！

嬰兒用保養品含油份高，不適合成人使用

「質地溫和細緻到連寶寶都可以使用，因此大人更合適！」這是嬰兒用保養品對成人市場的一種訴求，但事實上真是如此嗎？

首先，我們要對嬰兒保養品的成份作一解析。嬰兒用的保養品，當然是針對嬰兒的需求來設計。嬰兒的皮膚水份充足，但缺乏油份的滋潤；成人的皮膚皮脂分泌旺盛、肌膚油份充足，但卻缺乏水份。兩者根本是極為不同的保養方向。因此，嬰兒用的保養品含有較多的油份，對成人的皮膚來講可能有點吃不消，如果是油性皮膚，更收反效果。所以，應該選用與自己年齡與膚質相仿的保養品。

日韓系保養品最適合台灣女性使用？

「日韓系保養品最適合台灣女性使用！」這是許多日韓系保養品打出的口號。由於日韓和台灣同屬東方人，故多數人會這麼認為，尤其

是老一輩對日系商品的品質及東方訴求深信不疑。嚴格來看，日韓和台灣的氣候、地理環境、膚質、生活習慣明顯有差異，若是沒有經過配方調整，就直接進口台灣，實在不能說是「最適合台灣女性使用！」，而直接進口的歐美產品，離我們的膚質和需求就更遠了。

由於受到化妝品科技發達、台灣女性在保養品的消費力驚人等影響，無論是歐美或是日韓廠商，在行銷商品至台灣之前，已經做過一連串的研究測試，並生產專為台灣女性調配的產品。但平心而論，台灣本島有著數以千計的化妝品工廠，技術水平比起歐美日韓不遑多讓，價格也平易近人多了。

二、卸妝用品

光是卸妝還不夠，還要用卸妝品深層潔淨

臉部的油垢，大部份都是蛋白質系的污垢和脂肪質的污垢所組成，因此很不容易用清水清洗乾淨。污垢大部份都是附著在皮脂膜、皮脂腺、汗腺裡，如果想將臉部洗乾淨，必須把皮脂膜一起洗掉。

要去除臉部的化妝品時，必須使用卸妝霜或卸妝水，如果只是用卸妝霜，雖然已經卸掉了彩妝，但卻把卸妝霜的油質遺留在皮膚上，它會吸附灰塵和其他髒東西，影響新陳代謝、堵住了皮脂腺及汗腺，使皮膚無法發揮應有的功能。因此使用卸妝品後，必須再使用適溫的水和洗面乳再次清潔，不能只是卸妝而已。

水性或油性卸妝產品，依膚質及功能選擇不同

要選擇水性或油性卸妝產品，可依下列說明：

1.**依彩妝的濃度**：只上隔離霜者或僅上淡妝者，可選擇水性、凝膠類或乳液類的卸妝產品；若是較為濃妝者，可以選擇油類或霜狀的卸妝產品。

2.依未上妝的膚質：膚質偏乾者，若無化妝，因出油量少，一般的卸妝產品即可；若肌膚偏油，但是又喜歡清爽感覺者，先使用油性卸妝產品後，再使用清爽性的卸妝露或凝膠再次潔膚。雖然麻煩了些，但是清潔的效果很徹底，使肌膚長出粉刺、青春痘的機率大幅降低。

卸妝「油」，到底是什麼油？

用卸妝油潔膚到底好不好？這是很多人的疑問。看起來油膩膩，真的沒問題嗎？

一般市售的卸妝油，常用的原料可分為下列三大類：

1.礦物油脂類：常用在化妝品的礦物性油脂包括礦物油、液態石蠟、凡士林、石蠟等。礦物油（Mineral oil）因為親膚性較差，無法被皮膚吸收，對皮膚較無滲透性傷害，但據研究顯示，礦物油有誘發青春痘的可能性。

2.合成酯：利用化學技術所合成出來的、與皮脂成份及

結構相近之酯類化合物，其製品通常具有清爽不黏膩的特性，親膚性和卸妝效果佳，成本亦低廉許多，故廣為化妝品廠商所愛用。但就因為對皮膚的滲透性較佳，故很容易滲入皮膚組織內，但有些合成酯類對皮膚還是具有刺激性及致痘性，所以也不全然安全。

3.**植物性**：含植物性油脂的卸妝產品，一般很少出現皮膚刺激性，安全性佳，但植物性油脂較為黏稠，在卸除時較不舒適，延展性較差，使用上會感覺比較不易推開，尤其是橄欖油、小麥胚芽油、酪梨油等。一般較常用黏稠度較低的荷荷葩油、葵花子油，或是與其他油脂相混合，以改善缺點。

洗卸合一省麻煩？勸你還是別偷懶

卸妝油含有高度的油脂成分，用「以油溶油」的理論來說，卸妝油對彩妝及皮脂有很好的親膚性，因此得以將妝卸除乾淨。但必須注意它的成份是「什麼油」？畢竟不是所有的油都是好油。

其次，低油度的卸妝品（水性製品），需要靠多種界面活性劑來作用，才能將彩妝清除乾淨，因此清爽歸清爽，但對皮膚還是可能會造成刺激及傷害。建議美女們選擇卸妝油的要點如下：

1.儘量選擇以植物油為主要成份的產品。

2.若產品是多樣混合的成份時，選擇成份種類較少的產品較單純。

3.可先用眼影或口紅等濃妝來測試產品對彩妝的卸除能力，並感受卸後的皮膚是否舒適清爽。

4.洗就洗、卸就卸。洗卸合一的產品只能適用在毫無彩妝和污染的中性皮膚，勸你還是別偷懶，老老實實的做好卸妝工作吧！

使用卸妝油會導致青春痘嗎？

就卸妝產品對肌膚的刺激性而言，卸妝油成分單純，利用油帶走油；而「油」在刺激性方面，相對安全。但若殘留於肌膚，仍然會誘發青春痘。所以在卸妝後一定要使用清水重複潑洗，否則會造成彩妝雖已去除，卸妝油卻殘留在臉上作怪！

若是你發覺使用新的卸妝產品導致長了青春痘，最好暫停使用，觀察是否為該產品所導致，因為不論卸妝油的成份是什麼油，只要有殘留，就容易長青春痘。

水性卸妝品含界面活性劑，使用後最好馬上洗臉

相較於一般卸妝產品，若不含有油脂成分，就只能靠界面活性劑卸除彩妝了，水性卸妝產品就是利用這項原理，而劣質的界面活性劑很容易造成肌膚過敏。

由於界面活性劑對皮膚有一定的刺激性，故停留在臉上的時間越短越好，一卸完妝就要馬上洗臉。

三、洗面用品

易過敏者，應慎選不含酒精成分的洗面產品

正確洗臉可以達到清除污垢的目的，但含有酒精成分的產品，雖然可以立即清除臉上的油脂，頓時感覺清爽，但也會破壞肌膚PH值的平衡、刺激皮膚，應避免使用。皮膚炎或容易過敏的人，應慎選不含酒精成分的清潔乳、化妝水，以免刺激更多的油脂分泌。

挑選洗面乳比起所有的保養品都要更謹慎，因為每天都要使用，且不止一次。偏偏有些美人們覺得洗臉跟洗澡一樣，產品只要選擇自己喜歡的香味或品牌就好。

市面上洗面劑種類繁多，你必須依自己的皮膚需求加以選擇，並注意下列要點：

1.過敏性皮質或發炎肌膚禁用洗澡用的肥皂洗面。（特殊功能洗面皂除外）

2.面皰皮膚不適宜使用含顆粒的磨砂洗面乳。不當的磨擦與不良品質的顆粒，皆會造成皮膚的二度傷害。

3.青春痘專用洗面乳，最好能選擇天然植物成份，因為含藥的洗面劑，使用一段時間後皮膚會產生抗藥性，效果即會減弱。而且為了加

強洗淨力，通常去油的效果太強（鹼性），過度剝除皮脂膜會造成肌膚變得乾燥粗糙，而且皮膚為了自身的防禦作用會分泌更多的皮脂，導致使用一段時間後，皮膚反而變得更油。

洗完臉後若覺得皮膚刺痛，或有發紅長疹子的現象，可能是皮膚對該項產品不適應或是不適合，應請教專業人士，評估後再決定是否繼續使用。

臉為何愈洗愈油？

皮脂可以防止角質層中的水份喪失，但若是過多的皮脂，就一定要予以清除，以防止阻塞、發炎，形成青春痘。不過要提醒美女們，使用的洗面產品去脂力不能過強，否則長期下來肌膚會因為太乾燥而產生皺紋；而且過度的清除皮脂，會使皮膚分泌更多的油脂來保護皮膚，致使肌膚變得相當油膩。而原本活力就不足的皮膚，若因為分泌不足或來不及修補，就會變得相當乾燥。

美女們，即使是很油膩的肌膚，也不必用去污力特別強的產品，只要使用一般的洗面產品，但加強卸妝即可，以免弄巧成拙。

四、按摩及敷面產品

精油按摩滑潤度好，而且能同時舒壓

按摩產品原本只是用來輔助按摩動作的進行，但由於按摩時皮膚溫度會略為提高、毛孔會微張，所以也同時具有吸收營養成份的作用。傳統以按摩霜（冷霜）最常見，通常是由不被皮膚吸收的礦物油為基質，滑潤度雖佳，但有容易讓皮膚過油、產生粉刺的後遺症。現在出現愈來愈多的水性按摩露、按摩膠等，清爽不油膩，很適合油性肌膚使用，但缺點就是要邊按摩邊加水，否則凝膠中的水份在按摩時，一邊被皮膚吸收、一邊隨著體溫蒸發，很快會乾到推不動。

也有人用調合過的芳香精油來按摩，滑潤度好，而且能同時舒壓，放鬆緊張的肌肉和精神壓力。如果是中、乾性肌膚，可以用荷荷葩油或小麥胚芽油調合玫瑰、茉莉、薰衣草等精油按摩；如果是油性、混合性肌膚，則可用凝膠/凝露調合薰衣草、茶樹、洋甘菊等精油按摩。

使用果酸面膜摘除後要以清水洗淨，以免皮膚變薄

當面膜敷在肌膚上十多分鐘後，精華成分皮膚該吸的都吸走了，

也就是說，皮膚能接受的都已滲透進入肌膚表皮層內，你的皮膚已經「吃飽了」，殘留在臉上的面膜液將不再被吸收，已經可以擦掉了。

但是敷完面膜後，有些產品會請你使用化妝水拭除面膜殘餘，有些則是需要用水洗淨，差別在哪裡？

指定要用化妝水擦拭，一般都是該面膜含有高濃縮精華液成分，或是高滋養性作用，敷完後可以不必以水清洗，讓精華液在臉上形成保護膜。

而建議你要以水清洗的面膜，則是具有讓角質變薄的作用，像是「果酸面膜」可以溶解表皮角質層，讓肌膚觸感光滑細緻。如果敷完之後，還讓面膜液一直殘留在臉上，果酸還是一直會作用，可能造成皮膚變薄，或是過度刺激皮膚而造成反作用。所以能夠去除表面角質、加強代謝的面膜，敷完取下布膜之後，應該要以水清洗乾淨，再塗抹適量保養品，才算正確的敷面程序。

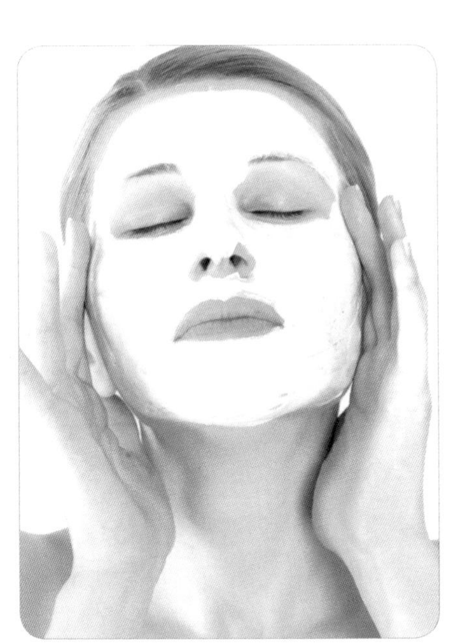

曬傷的皮膚不可以使用撕除式面膜

在曬傷或皮膚狀態不佳的時候，使用類似妙鼻貼那類的撕除式面膜（就是會緊緊的附著在皮膚上，撕掉時皮膚的粉刺、舊角質、細毛會一起被「連根拔起」的那種。），會造成皮膚的二度傷害，為什麼呢？首先，撕除式面膜為了讓它更容易乾燥成型可撕除，有些會在成份中添加酒精，加快面膜乾燥的速度；而曬傷後的皮膚很不穩定，通常伴有脫皮或脫水的現象，在撕除時會將這些皮給扯下來，容易在臉上形成傷口並造成疤痕，而且酒精的滲透力也讓已受傷的皮膚難以承受。

至於皮膚極度疲勞時，當然也會比較脆弱、不穩定，撕除式的面膜具有刺激性，無疑對皮膚也會產生傷害，故請愛用「剝皮面膜」的美女們忍一忍，避免在這個時候用該類面膜。

自製面膜快速便利，效果佳

目前市售的面膜，隨著膚質需求不同，可供選擇的花樣非常多。對於極度乾燥、缺水、油膩等問題肌膚，若是能用不含油脂（oil free）的化妝水、精華液、凝露做濕敷，不但省去尋找面膜的困擾，而且也可以減少防腐劑、螢光劑的刺激（市售片狀面膜，為了延長使用期限，有些會添加較多量的防腐劑）。

製作方式是將適量的化妝水或精華液倒在化妝棉或是面膜紙上，敷在局部（如眼睛四周、臉頰）或是全臉，約10－30分鐘（依膚質及產品而定）後取下，即可有比市售面膜更佳的效果。若想加強吸收力，可以在最外層敷上一層保鮮膜（記得要留下口鼻處供呼吸），親自試過你就會知道有多棒！

五、整膚產品

看皮膚的「臉色」，再決定使用哪一種化妝水

不同的膚質需要不同的滋養及保護，所以每種化妝水都有不同的功效，有美白、收斂、保濕、滋潤、防面皰、控油等。如果肌膚是很穩定「乖巧」的，那你就不必數種交替使用，但如果肌膚常常沒事冒個痘子、曬個太陽就紅通通的，那你可能要準備個一兩種，看皮膚的「臉色」決定使用的種類囉！

1.一般性肌膚：可使用具有保濕或美白功效的化妝水，提供肌膚保濕、潤澤的效果。日曬後，先用有鎮靜作用的化妝水來安定肌膚，再使用美白化妝水淡化黑色素，預防皮膚變黑或是產生斑點。

2.乾性肌膚：應選用具保濕、滋潤功能的化妝水，以補充水份並滋潤乾燥的表皮。

3.過敏性肌膚：可以選擇不含酒精、香料及色素、功效單純的化妝水，以避免刺激皮膚。

4.油性肌膚：可選擇含有消炎鎮靜成分的化妝水，兼具收斂毛孔及抑制皮脂分泌的效果，可以改善出油狀況。過度保濕及滋養的化妝水會讓肌膚不舒服，應該避免。

夏季時，化妝水冷藏效果更佳

夏季時，可將化妝水（收斂型）放在冰箱冷藏，使用時倒適量在化妝棉上，慢慢的拍打皮膚，可抑制出汗，也可以使化妝更持久。在夏季若要皮膚不掉妝，可以加強收斂水的保養，妝前用冷毛巾冰敷效果更佳。但要特別注意的是，化妝水一旦冰過，就不能離開冰箱再放在室溫內，否則容易腐敗。

含酒精好？不含酒精好？
只要適合膚質，就是最好的化妝水

化妝水，顧名思義就是「化妝前用的水」，最原始的作用是收斂

毛孔，讓彩妝更伏貼持久；但由於氣候的改變、空調的濫用，肌膚缺水的情況愈來愈嚴重，化妝水演變成為各種肌膚與需求皆能滿足的「皮膚喝的水」。

保濕化妝水的主要成份就是保濕因子，如NMF（天然保濕因子）、PCA、HA（玻尿酸）等，其功能是補給表皮的角質水份，讓水份長久保留，防止乾燥、脫屑。

乾性肌膚的角質中，原本就容易蒸發導致水份不足，因此有必要使用保濕化妝水來補充。而油性肌膚者，雖然肌膚時感油膩，但在眼睛和嘴唇四周容易乾燥的部位，還是需要保濕化妝水的滋潤。

使用含有酒精成份的化妝水會使肌膚更顯乾燥，因為酒精會去除皮脂，讓油份已經不足的部位更缺油；另外，在化妝水蒸發時，會同時帶走皮膚的水份，故含有酒精成份的化妝水，並無法達到保濕的目的。

而含有酒精成份的化妝水到底好不好呢？為什麼美容專家都說：最好選用不含酒精的化妝水？化妝水為什麼要含酒精？難道含酒精的化妝水一定不好嗎？如果真的只有缺點，那為何有許多品牌（包含知名的老牌產品）還是堅持要添加？尤其是油性肌膚使用的收斂水多含有酒精成份。以下分別就優點及缺點說明：

優點

1.收斂作用：收斂毛孔。

2.促進吸收：酒精可以改變皮膚的皮脂膜型態，使活性成分易穿透皮膚而吸收，這也是目前酒精被添加的最大原因。

3.殺菌作用：對於細菌的生長有抑制的功能。

4.**清潔作用**：清除表皮的油垢、污垢。

5.**抑制油脂**：酒精能抑制油脂的分泌。

6.**清涼作用**：酒精揮發時能帶走部份的熱能，故能產生清涼的感覺。

缺點

1.乾燥：過度使用會過度去脂，會使水分蒸發、皮膚變乾燥。

2.過敏：具有刺激性，易引發過敏。

不含酒精的化妝水，原本是為過敏性肌膚的人所設計的，因為缺少了酒精的刺激性，相對溫和了許多；而在追求反璞歸真的自然風潮下，美女們大多喜歡使用溫和自然、對肌膚沒有負擔的保養品。不含酒精的化妝水確實比較溫和，但並非含酒精的化妝水就一定不好，因為適量酒精對於調理肌膚仍有一定的幫助。只要你不是過敏性肌膚、或是抗拒酒精，化妝水添不添加酒精對你來說並不是最重要的選購原則，只要適合你的膚質，就是最好的化妝水。

洗完臉後，可直接用乾淨的手取化妝水輕拍臉部

使用化妝水時要不要使用化妝棉，要看你使用化妝水的目的。

當你在卸妝和徹底清潔臉部之後，化妝水的作用就在於舒緩洗完臉後的緊繃和不適，平衡肌膚的PH值。所以洗完臉後，可直接用乾淨的手取化妝水輕拍臉部，並用指腹輕輕按壓臉頰，增加肌膚的彈性，讓

肌膚水份充足。

但如果你只是使用化妝棉沾取卸妝產品擦拭卸妝，之後並沒有再用洗面乳清洗臉部，那就必須再用化妝棉沾化妝水使用，才能徹底清除表皮殘留的卸妝乳和污垢，因為化妝水具有輕微的乳化功能，故能再次清潔肌膚。

收斂水能抑制皮脂分泌，應避免在不油的部位擦拭

收斂化妝水具有抑制皮脂分泌的功能，但在對付引起青春痘的化膿細菌時，效果並沒有想像中好，因此對於收斂化妝水的殺菌效果，不要抱著太大的期待。正確的方式應該是徹底做好清潔工作，防止發炎、化膿情況加遽，並從體內調理才是根本之道。

通常在洗臉後，過多的皮脂與污垢、灰塵已被清除，所以肌膚都會暫時呈現出「安定」的狀態。而收斂化妝水在於抑制皮脂分泌、分解皮脂，對臉上的油膩部位非常具有效果，故應該避免在不油的部位擦拭收斂化妝水。

一般而言，在上妝前使用收斂化妝水是最適當的，可以有效抑制皮脂的分泌，使妝更加持久。但要維持一整天不脫妝還是不大可能，一旦脫了妝之後，不可以直接在彩妝上擦收斂化妝水，須先以面紙或吸油面紙吸掉油脂後，再補上兩用粉餅；或乾脆整個妝卸掉重畫，否則容易衍生其他的皮膚問題。

六、隔離及防曬產品

夏季擦油性面霜皮膚會更容易曬黑

肌膚表面由於角質層的關係，雖然肉眼看不出來，但實際上它起伏不平，能反射、散亂光線的直射，使日光在表皮就被反射掉，不致侵入皮膚深層。

而當肌膚塗抹面霜時，凹凸不平的表面就像是被補平了，會變得十分平滑，以致對於陽光、紫外線沒有抵禦的能力，肌膚就更容易曬黑了。因此在夏季的日間保養，最好以油份含量較低的水乳液代替高油脂面霜。而外出時，防曬用品、帽子、防曬衣物、粉餅、洋傘等，都是保護肌膚的重要準備，缺一不可！

防曬系數再高也不能完全避免紫外線的傷害

陽光不等於紫外線！事實上，紫外線在梅雨季節是最強烈的時候。在台灣，由於上空臭氧層稀薄，二月份是紫外線到達地面的量最多的一個月份；多數人以為在最熱的夏季才有最強的紫外線，因而忽略了其他月份的防曬，以致美白的效果遲遲顯現不出來。

不管在哪季、哪月、哪天，防曬保護都是一樣重要，並非日光強才伴有紫外線，就算是陰天或是下雨天，都仍有紫外線存在。提醒美女們，不論哪個季節，外出時都應紮實的做好防曬工作。

但防曬品的保護還是有限的，就算你擦了系數很高、防曬效果很好的防曬保養品，也不能完全避免紫外線的傷害。把自己直接暴露在強光下，對一個美女來說，是很不智的，而如果你認為外出前使用了防曬產品，就可以放心的在戶外跑來跑去，那你的皮膚就危險啦！

防曬保養品的防曬能力本來就有限，再加上隨著汗水會慢慢的脫落，只要經過了一段時間，就會失去防曬的效用，因此才需要一再補充。如果是在海邊或是游泳池，下水前需擦一次，上岸後最好馬上再補充。因為防曬保養品在水中會被洗掉，無法「撐」過兩個小時；所以，不管SPF值多高，下了水仍免不了被水稀釋或洗除，離水後必須再塗抹一次。

不想曬黑，選「suntan」；
想曬出均勻膚色，選「sunburn」

「曬黑」英文可區分為suntan（曬黑）和sunburn（曬傷），曬黑主要是因UV-A所引起的，而曬傷主要是由UV-B所引起的。

紫外線根據波長分三類，由短到長順序分為UV-C（200～280nm）、UV-B（280～320nm）及UV-A（320～400nm），波長越短，對肌膚影響力越強。但波長最短的UV-C被臭氧層吸收，不能到達地面，UV-B和UV-A則能到達地面，對皮膚造成直接傷害。

UV-B能到達皮膚的真皮層，破壞青春肌膚不可缺少的彈性，令皮膚產生細紋、乾紋。而UV-A不受窗戶、陽傘等遮蔽物的阻擋，即使陰天對皮膚的傷害仍在。UV-A是導致色素沈澱的主要元凶，因為它會刺激表皮發動自我保護機制，令黑色素增加、肌膚變黑、產生細紋。

防曬乳液雖能保護皮膚，但很多人並不知道它只對防止UV-B有較明顯的作用，對具傷害性的UV-A，卻只有部分的保護作用。UV-B在夏天的作用力很強，它是由波長在290～320微米的光所組成，它會造成實質的皮膚曬傷，並引起黑色素瘤或其他皮膚癌發生。

在選用防曬品時，很多人往往看了防曬系數就不加思索的購買，事實上防曬還可以分為「曬黑」和「曬傷」兩種，如果用錯了，原本想防止

曬傷肌膚的調理

因陽光曝曬後而出現了紅腫、刺痛、水泡、脫皮等曬傷的現象，請浸泡冷水，不要任意使用保養品，以免增加皮膚負擔。而除了上述的處理外，曬傷時應避免再度接受紫外線的刺激，否則傷害會再擴大。若曬傷情況嚴重，應就醫治療，因為曬傷如同燒燙傷，需謹慎處理，以免在皮膚留下傷疤。

如果是輕日曬肌膚，在紫外線下曝曬後，也須立即冷敷、鎮靜與保濕，幫助皮膚盡速恢復平靜，否則黑色素細胞會因刺激而活躍，容易變黑及留下斑點。此時使用冷藏後的化妝水，浸濕化妝棉後敷臉（或敷於局部）效果還不錯，但若重度日曬則不建議使用，應盡快就醫治療。

皮膚變黑，卻反而曬成了古銅色肌膚，只好氣得直嚷：「那せ嘸效？」

如果你不想曬黑，要選用標示suntan的產品；如果想曬出均勻漂亮的膚色，要選擇標示sunburn的產品。一種防曬，一種「助曬」，可別搞混囉！

重覆塗抹防曬品並不會使效果加倍！

市面上有一系列符合各種需求的防曬產品，防曬係數SPF由8到50幾。有許多人誤以為重複塗敷防曬乳液，會使防曬效果加倍，這是不可能的；而使用兩次防曬係數15的防曬乳液，也不等於使用一次防曬係數30的乳液。要加強防曬品的效果，最好是每兩個小時補充塗抹一次。

親油性防曬乳防曬傷效果比親水性佳，但觸感較差

SPF18以下：適合日常生活或是從事一般活動使用。

SPF18－25：從事戶外活動、登山健行、海水浴、游泳等。

SPF32以上：到雪地旅遊、連續性曝曬（仲夏的高山、海邊）等需要和紫外線強烈且長時間接觸。

親油性劑型的防曬乳，具優越的耐水、抗水特性，防止皮膚曬傷的效果比親水性的防曬乳效果佳，但缺點是使用起來皮膚較不舒服。另外，從事水上活動、陽光運動，因流汗多，水也會帶走部份防曬劑，故比較容易流失，應選擇具有防水功效的防曬乳。

選購防曬產品最好先做測試

選購防曬產品時應注意：

1.容易附著者：薄薄的塗在皮膚上時，能均勻且緊貼著皮膚，不會覺得黏膩有負擔，容易推得開。

2.品質穩定者：少數防曬成分不具光穩定性，擦了不但沒有效果，還會引起肌膚過敏，因此品質穩定與否非常重要，不會因接觸陽光而變色、質地細緻、不含刺激性的防曬劑，並具有一定程度的防水功能，才

能具有保護皮膚的作用。

3.溫和自然者：不油膩、不含強烈香味、不含化學成份的臭味，色澤自然，塗抹後和皮膚的原色接近、不突兀。

4.有衛署字號：防曬產品應具有衛生署核准字號。

5.有SPF標示：標示出防曬系數SPF，同時具有效隔離UVA長波紫外線和UVB中波紫外線之效能。

6.注意化學性防曬引起的過敏：由於化學性防曬品所含的成分大都只能預防一個波段，也就是只能防UVA或UVB，因此為了要完整防曬，需同時含有多種成分，以期能預防UVA及UVB，但是成分彼此間的融合很容易出現問題，所以易引起肌膚過敏。使用前最好先塗在手臂內側或是耳後做測試。

七、彩妝及其他產品

越貴的化妝品效果和品質一定越好嗎？

常言道：「便宜無好貨、好貨不便宜」；又說：「貴的東西不一定好，好的東西不一定貴！」到底是怎樣？化妝品的價位和品質有絕對的關係嗎？

雖然這個問題無法武斷的回答，但是必須要了解和關心的是：化妝品的成份由很多種類所組成，等級和純度有所差距。

以橄欖油這個常見的油脂成份來看，就分為工業用、一般外用、醫療及化妝品用數種等級；常用的添加劑——酒精，也具有不同的等級；而小黃瓜、蘆薈等萃取液，產地、萃取的精純度、植物的好壞等，也差距甚大。

在製程方面，有些產品只是用幾種成份混合，根本未經「精製」的程序，之前消費者瘋狂喜愛的DIY產品，即屬於這種情況。該類產品用了對皮膚不能算是有害，但由於其分子較大，不易被皮膚吸收，縱使擦了對皮膚也不會有什麼幫助，充其量只能算是保養的「安慰劑」。而各種生化科技萃取的活性成份，在成本反應的前提之下，自然不可能廉價出售。

由於我們無法從成份表中得知其精純度，一般人只好由價格判斷。這是人性心理，否則你叫那些身價數千萬、乃至於數億的貴婦們要用什麼保養品？

愛用「聯合國」品牌，當心產品出現不調和現象

化妝品應該是用來美化或保護皮膚的，但有些卻對皮膚產生了傷害，這大多是由容易潛藏在肌膚中的色素或香精所引起。

同時用多種品牌化妝品，俗稱化妝品聯合國的美女們，要特別注意了，香精和皮膚、或是香精和香精之間，有時會有不調和的現象產生，所以建議你最好選用同一品牌的護膚保養品及化妝用品，較不會造成肌膚適應上的困難及負面反應。一旦肌膚出了問題，也才知道去哪裡找答案！

白天使用晚霜恐導致斑點產生或曬黑

晚霜由於營養成份較高、油脂含量也高，若在日間使用，加上皮膚自行分泌的皮脂，實在是太油膩了，而且有些成份容易和紫外線起變化，導致斑點產生或曬黑。而既然這類產品都命名為「晚」霜了，你就不要勉強在白天使用。

油性營養霜絕不能代替眼霜

眼睛周圍的肌膚不同於其他肌膚，是臉部肌膚中角質層最薄、皮膚腺分佈最少的部位，不能承受過多的營養物質，所以眼霜的配方要能快速被吸收、適當滋養，

絕不能使用油性的營養霜代替眼霜，讓眼周肌膚增加不必要的負擔，否則它就會長出一顆顆的脂肪球來抗議。

要注意，眼霜用得太多不但不能吸收，反而會造成負擔，加速眼周肌膚衰老，所以每次只用「兩小點」就足夠了。另外，應先塗眼霜再塗臉部的營養霜，臉部保養時，要避開眼睛周圍的肌膚，可別將重重的油脂一層層疊上去唷！

眼部保養品的種類非常多，且每樣產品都分別針對不同年齡、不同問題有不同的改善要點，所以買眼霜之前，一定要先瞭解自己的需求，選購最適合自己的產品，才能達到最佳功效。

護唇膏含微量化學添加物，宜先卸掉再進食

嘴唇最重要的保養是滋潤、防止乾燥。嘴唇乾燥缺水會導致破皮，平日可以用護脣膏來保養。一般護唇膏大多是由一些油脂和蠟類所組成，較優質的原料有可可油、芝麻油、棕櫚蠟、篦麻籽油、果仁油、棉花籽油、小麥胚芽油、甜杏仁油、蜜蠟、蜂蠟等，也常見添加維他命E、B、角鯊烷（史夸蘭油）、植物萃取等滋潤成份。

若是經常日曬，應選擇有防曬效果

的保濕修護型護唇膏，SPF值通常在8－15之間即可。具有防曬作用的護唇膏可分為兩種，一種是加上紫外線吸收劑的化學劑型，直接以SPF數值標示來告訴消費者；另一種是在配方中加入了雲母、二氧化鈦等礦物成份，擦起來有一點白白的，屬於物理性防曬。另外，還有一些護唇膏加上了矽質順滑劑，使唇膏塗抹起來更滑順。

但是想想：如果把這些矽、礦物粉、紫外線吸收劑、防腐劑的成份吃進肚子，雖然很微量，但我們每天所吃的毒素實在是太多了，能減少則盡量減少，不是嗎？建議美女們先將口紅或護唇膏擦掉再進食，餐後再補擦即可。

未稀釋的精油具有腐蝕性，不能直接與肌膚接觸

近年來相當風行的天然植物精油有各種用途與功效，不但可以保養、護膚、放鬆精神壓力與肌肉疲勞，是到美容沙龍必做的享受。此外，更有人用來進行「靈修」、「靈療」等，不同的精油等級、純度，可到達「身心靈」的不同深度，美人們對精油應具有基本常識，才能放心做個芳香美人。使用時注意要點如下：

1.使用過精油後，尤其是柑橘類精油，應避免陽光照射皮膚，以免產生斑點。

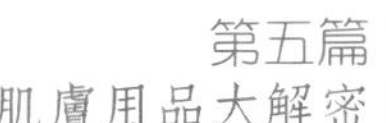

2.未開封之精油約莫可存放三年，如已開封請於半年內用完，否則接觸到空氣會氧化而影響療效。

3.所有單方精油都須用基礎油稀釋後方可使用（薰衣草、茶樹、羅馬洋甘菊則可以直接使用），但只能使用植物油來稀釋，不能使用嬰兒油或礦物油。

4.孕婦如果不清楚精油的性質，且懷孕前不曾用過，最好完全禁用，以免危險。

5.100％未經稀釋的精油有腐蝕性，不能直接與眼睛、黏膜及皮膚接觸，萬一精油不慎進入眼部，必須立刻用大量清水沖洗，再儘速送醫治療。

6.有過敏體質的人建議少量，並稀釋使用。

吃出美麗與健康

- 你就是你所吃的東西的表現
- 讓你更亮麗的維他命
- 美麗的答案「水」知道

一、你就是你所吃的東西的表現

俗話說：「你就是你所吃的東西的表現」，每天吃良好及均衡的食物，有益於健康和皮膚。除了外表的修飾外，身體內部的保養，就是最近流行的「體內環保」，更深深影響皮膚的健康狀態。

如果希望能擁有健康亮麗的肌膚，飲食方面就必須注意減少油膩、辛辣、刺激性、高糖份、口味過重食物的攝取；多喝開水、多吃水果、三餐定食定量、不暴飲暴食、營養均衡，身體平衡、健康了，皮膚也才會有光澤。

大家都希望自己的皮膚潔白無瑕、透明柔嫩、細膩有彈性，然而，很多人對肌膚的保養總是「付出和回收不成正比」，追究其原因，除遺傳的先天因素、疾病的影響外，與後天的「失調」有密切關係。

多吃新鮮蔬果讓血液維持理想的酸鹼值，保持皮膚光滑

皮膚的粗糙、疙瘩、面皰通常是血液酸化引起，而新鮮蔬果裡的鹼性無機鹽類，如鈣、鈉、鉀、鎂等含量較高，能使體內鹼性物質充足，可與體內的酸性物質迅速中和成無毒的化合物，排出體外，幫助血液維持在比較理想的酸鹼值，就可以保持皮膚的光滑、滋潤，也較不易

產生疲勞與倦怠感。

我們可依據不同的皮膚類型來選擇蔬菜的攝取，如皮膚不透明光潔，應食含有大量植物性蛋白、維他命C、葉酸類的食物。這些食物進入人體後，可透過氧化還原的方式潔淨血液，皮膚自然就會產生應有的亮麗感了。

至於皮膚粗糙、毛孔角化症（常見在手臂外側、大腿上有像粉刺般的粒狀突起物），就應多攝取富含維他命A、D的蔬菜，胡蘿蔔是大家熟知的高維他命A食品，蓮藕、菠菜、黃豆芽、黑木耳、香菇等，可補充人體內必需的多種無機鹽和微量元素，如：鈉、鉀、鈣、磷、鐵、銅、鋅等，這些都是維持皮膚美麗不可或缺的重要物質。

肉類食品導致血液酸化，易引起皮膚過敏

蛋白質是構成人體細胞的主要成份，一旦長期缺乏蛋白質，人的皮膚就會失去彈性、觸感粗糙、指甲及頭髮脆弱易斷裂，也容易顯出老態，這些都證明了蛋白質是人類生存不可缺少的營養。

一般人總認為蛋白質應從肉類及魚類食品中攝取，殊不知肉類、

魚、蝦、蟹的蛋白質含量雖豐富，但其在人體內分解的過程中會產生酸性物質，使得血液酸化，便很容易引起皮膚過敏。這些酸性物質對皮膚和內臟均有強烈的刺激性，會妨礙皮膚的正常代謝功能，有損身體及皮膚的健康。因此，我們可尋求較多的植物性蛋白質，如大豆、青豆、碗豆等，以提供人體所需之營養。至於魚、肉類等酸性食品，在過度攝食後，應以蔬果來協調中和。

美女悄悄話

便宜享用豐富的膠原蛋白

豬皮中含有豐富的蛋白質，而與美容有密切關係的「膠原蛋白」，更占了蛋白質中的85%！注意皺紋及老化的女性朋友一定知道，「膠原蛋白」是皮膚細胞生長最主要的「原料」，它能使肌膚滋潤、細膩、增加彈性，防止老化、鬆弛產生，而且豬皮的脂肪含量僅有豬肉的二分之一，蛋白質含量卻為豬肉的2.5倍，因此可不必過於擔心食用後會導致發胖的問題。

健康金字塔

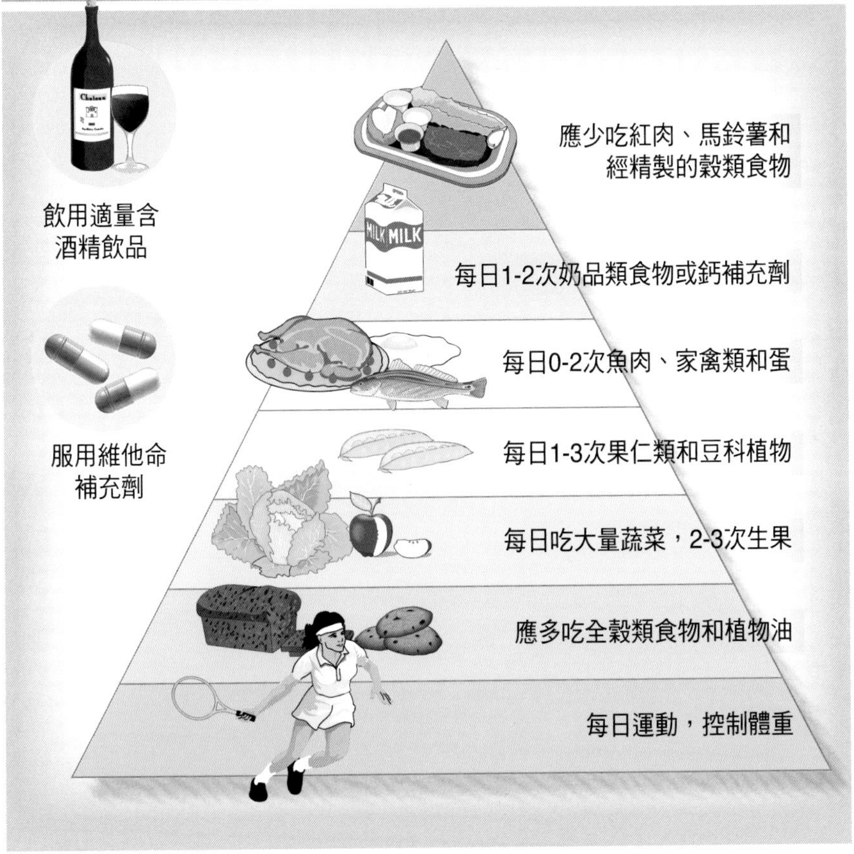

飲用適量含酒精飲品

服用維他命補充劑

應少吃紅肉、馬鈴薯和經精製的穀類食物

每日1-2次奶品類食物或鈣補充劑

每日0-2次魚肉、家禽類和蛋

每日1-3次果仁類和豆科植物

每日吃大量蔬菜，2-3次生果

應多吃全穀類食物和植物油

每日運動，控制體重

美麗的肌膚來自於均衡飲食

相信美女們一定都知道：美麗的肌膚建立於均衡飲食之上。但是，怎樣吃才算是均衡？我們日常所需的三類基本養分，分別是：

1.脂肪及碳水化合物：它可以供給身體所需的能量，但若攝取過多，會使我們身體脂肪層的脂肪增加，使身體肥胖，這可是會讓美女們花容失色的啊！

脂肪及碳水化合物儲存在體內，以便供應身體「工作」所需的「燃料」。身體做每一件事情都必需能量，一般人以為只有行動或跑步時才需用到能量。事實上，看似簡單細微的動作，如動動指頭、眨眨眼睛等，以及所有在身體內部進行的功能，包括消化、心跳及呼吸，都是需要能量的。

若你吸收的脂肪及碳水化合物不敷身體所需，身體就會開始使用儲備的脂肪，使你的體重減輕，這也就是「健康減重」依據的理論。但如果你的進食量突然減量太大，身體可能無法適應，這種能量來源突然銳減的情形，可能會造成嚴重的後果，或是產生身體上的毛病。如果完全「中止」脂肪及碳水化合物的吸收，例如完全斷食，因為失去所需之能量，會導致人體精疲力竭，甚至於死亡。

2.蛋白質：蛋白質供給身體生長所必需的養分，它不僅讓身體「變高、變大」而已，皮膚上的細胞、血液細胞、整個身體的細胞，都必須經由新舊細胞替換的過程，而這種替換新細胞的生長需要足量的蛋白質。

3.維他命及礦物質：維他命及礦物質可以幫助身體強壯，並具有抵抗疾病的能力，礦物質中，包括鐵質、鈣質、碘化物等，而我們身體需要的維他命及礦物質劑量必須正確，才不致引起反效果。例如，鈣用來強壯骨骼及牙齒，缺乏的話牙齒及骨骼就會產生問題；鐵質有益於紅血

球細胞，缺乏鐵質會引起紅血球細胞的功能產生問題。每一種維他命或礦物質都有其功能，而且是身體健康所必需的，也是使其他營養物發揮功能所必需。

不同顏色的蔬果代表不同的健康密碼

色彩繽紛的水果，除了口感有酸有甜，各有不同的香氣外，也藏有很多讓美女們變年輕、變健康、變美麗的秘密。

橘色、紅色：這類蔬果通常含有茄紅素，可增強人體免疫力，代表性的水果有：

1.草莓：含豐富的抗氧化劑和維生素C，能提高免疫系統的機能，美白的功效不在話下。

2.櫻桃：含有豐富的纖維素、維他命、鉀，其中的鉀能降血壓。

3.西瓜：含有豐富的茄紅素，可以減少膽固醇的濃度，還能提高心臟血管的機能，降低中

風的危險

4.番茄：含有豐富的鉀和維生素C，能保護心臟健康；而豐富的茄紅素能預防前列腺癌、乳腺癌等。

綠色：蔬菜中，綠色花椰菜含有抗癌因子、維生素C、葉酸等，能中和引發老化與各種疾病的自由基，強化身體免疫力；水果如青葡萄、奇異果、哈密瓜等，含有抗癌、保護眼睛和強健骨骼等成份。

黑色：如黑木耳，含有豐富纖維與維生素、菸鹼酸，有助於代謝、穩定神經。

白色：如白蘿蔔、冬瓜、胡瓜等，味道清甜，富含纖維質，可促進腸胃蠕動，幫助排便。

黃色：黃豆含有豐富的大豆異黃酮，可以舒緩婦女更年期的不適，也可降低膽固醇。適量的攝取豆漿，對於想要永保青春的熟女，是不可缺少的營養素。

二、讓你更亮麗的維他命

（本單元資料僅供參考，正確的攝取請洽詢專業人士）

過量攝取維他命反而易引發反效果

若每天能攝取健康且均衡的食物，其實並不需要額外補充維他命。但現在很多美女們忽略早餐，加上吃進大量不均衡及營養有問題的食物，在這種情況下，只好適度補充維他命來「安慰」一下身體。

而補充維他命要注意避免過量，因為大部份的維他命都不會儲存在體內，身體只會攝取目前所需的量，而排除多餘的量。過量攝取維他命，會引起身體內部自行調節這額外的數量，並排出大量該維他命。而當你恢復正常的進食量時，你的身體可能還是習慣於排除大量的這類維他命，因此，你還是會缺乏這種維他命，且有時反而會更嚴重。美女們，可要小心啦！

長期服用大量維他命，本以為這樣會帶來健康，沒想到反而讓身體失去攝取其他養分的機會，導致營養更加失衡。心理上、生理上，也許會對維他命產生更大的

依賴性，一旦降低劑量或是停用，則會導致疾病的發生。

每天一粒綜合維他命，就可以代替蔬果的攝取？美女們，請放棄這種迷思吧！蔬果中除了含有多種維他命之外，還有微量元素、礦物質、各種營養素等，比起人工、化學合成的維他命錠多元且豐富。維他命只能當成補充品，彌補飲食上的偏差，但是無法完全取代蔬果。

美肌維他命：維他命A、B、C、E

維他命根據溶解性，可分為脂溶性維他命和水溶性維他命兩大類。其中維他命A、D、E、K屬於脂溶性維他命，而維他命B_1、B_2、菸鹼酸、泛酸、B_6、葉酸、生物素、B_{12}（以上皆屬於維他命B群）及維他命C屬水溶性維他命。

以下列舉各類「美肌維他命」，提供美女們參考：

1.維他命A：使皮膚表面柔軟有彈性，不足時會使皮膚像起了雞皮疙瘩一樣，乾燥又粗糙。

2.維他命B_2、B_6、菸鹼酸：缺乏時肌膚會角質化、粗糙。維他命B群多存在於堅果類食物中，熱量較高，攝取時要適量。

3.維他命C：淡化黑色素。

4.維他命E：延緩細胞老化、促進新陳代謝，保持肌膚的張力、濕潤。

三、美麗的答案「水」知道

體內水份平衡，肌膚「水噹噹」

人體70％是由水組成的，這是常識，美女們應該知之甚詳吧！

水約占成人體重的60~70%，而血液中的含水量約達90%以上，因此，說「人是水做的」一點也不為過。

我們終其一生，不論是身體或者外在生活，都與水息息相關。如血液、淋巴液以及身體的分泌物等，都與水有關；而我們在進食後，不管是吞嚥、消化、運送養份、以至排泄廢物，各個環節都需要水；同時，水能潤滑關節、防止眼球過乾；也可以和唾液、胃液一起幫助消化；此外，水亦能協助人體透過排汗作用以帶走體內過高的熱量來調節體溫；而多喝水可降低尿酸、預防痛風的發生，還可以降低尿中的鈣濃度，避免尿路結石等。

我們身體大約有40公升的水，而我們每天的「失水量」，隨美女們個人的

的活動量及環境有所不同。一般而言，我們人體一天的排尿量平均約有1500cc，汗水由皮膚直接蒸發也會帶走水份，呼吸也會流失水份，隨著工作量（運動量）的增加與溫度的提高，呼吸量與排汗量也會同時增加，水的流失也相對增加。生病所引致的發燒、嘔吐及腹瀉，也會令水份流失；如果我們失去了10%的水份，對身體健康即產生威脅，若是失去20%的水份，則會有生命的危險，因此我們在水份大量流失時，必須儘快的補充。

屈指一算，美女們每日流失的水份，大約有2000~3000cc，因此水份的補充量，最好在此範圍之上，以保持體內水份的平衡，才能維持身體健康和「水噹噹」的肌膚。

水是最好的健康輔助品，每人每天應喝足量的水來提供身體運作所需。那我們一天到底要補充多少水份？其實幾乎所有的食物都含有水份，而在消化時，即被身體所吸收利用，除了白開水外，蔬菜、水果也是水份的良好來源。美女們可以視季節、進食習慣、

身體的反應（排尿量）等自行調整。多少才夠？這個問題應該是問你的身體，而不是問「專家」！

在就寢前喝一小杯開水，對肌膚及身體而言是有益的。當我們睡眠時，身體的新陳代謝仍然持續運作，適量的水份能有助於循環，有利於皮膚進行自身修復的功能，也有助於廢物的排除，更可以沖淡體液、降低血液的濃稠度、預防疾病的產生。許多人嫌晚上喝了水後，半夜會想上洗手間很麻煩，或是怕隔天水腫，就寢前都不敢喝水，其實只要不是幾百CC的「牛飲」，是不會造成水腫的。適量解渴，OK的啦！

水份不足是肌膚乾燥的頭號殺手！

「乾燥」是指表皮的角質層缺乏水份、凹凸不平的粗糙現象，很多人誤以為：「乾燥是由於油份不足所引起」，但據研究：水份不足才是肌膚乾燥的頭號殺手！因為角質中的含水量會影響到肌膚肌理的粗細、光澤、彈性、觸感等，在肌膚保養上才會不斷的強調保濕、補充水份。

角質層的平均含水量為10~20%，若達到25%時，皮膚真的就是「水噹噹」！但如果低於10%，皮膚便會像枯萎的花朵般，產生乾燥、脫皮、落屑等，一般單純的皮膚缺水，只要從表層充份補充，再加上乳液、面霜形成的保護層，就會馬上得到改善；而內在水份的攝取是最根本之計。

水份充沛即是美女的根本，台語的「好美」，唸起來不是「足水せ」嗎？

漂亮系列01

素顏我最美

——美肌秘訣大公開

金塊文化

作　　者：余秋慧
發 行 人：王志強
總 編 輯：余素珠
美術編輯：JOHN平面設計工作室

出 版 社：金塊文化事業有限公司
地　　址：台北縣新莊市立信三街35巷2號12樓
電　　話：02-2276-8940
傳　　真：02-2276-3425
E-mail：nuggetsculture@yahoo.com.tw

劃撥帳號：50138199
戶　　名：金塊文化事業有限公司

總 經 銷：商流文化事業有限公司
電　　話：02-2228-8841
印　　刷：群鋒印刷
初版一刷：2010年4月
定　　價：新台幣299元

ISBN：978-989-85988-2-9
如有缺頁或破損，請寄回更換

團體訂購另有優待，請電洽或傳真

國家圖書館出版品預行編目資料

素顏我最美：美肌秘訣大公開／余秋慧著
—— 初版. —— 臺北縣新莊市：金塊文化
，2010. 04 面； 公分（漂亮系列：1）
ISBN 978-986-85988-2-9（平裝）
1.皮膚美容學

425.3　　　99004863